W0283246

Ergänzende Unterlagen zum Buch bieten wir Ihnen unter www.schaeffer-poeschel.de/webcode zum Download an.
Für den Zugriff auf die Daten verwenden Sie bitte Ihre E-Mail-Adresse und Ihren persönlichen Webcode. Bitte achten Sie bei der Eingabe des Webcodes auf eine korrekte Groß- und Kleinschreibung.

Ihr persönlicher Webcode: 2997-A3Yed

SCHÄFFER
POESCHEL

Klaus Haake/Willi Seiler

# Strategie-Workshop

## In fünf Schritten zur erfolgreichen Unternehmensstrategie

2010
Schäffer-Poeschel Verlag Stuttgart

Bibliografische Information der Deutschen Nationalbibliothek
Die Deutsche Nationalbibliothek verzeichnet diese Publikation in der Deutschen Nationalbibliografie; detaillierte bibliografische Daten sind im Internet über http://dnb.d-nb.de abrufbar.

Gedruckt auf chlorfrei gebleichtem, säurefreiem und alterungsbeständigem Papier

ISBN 978-3-7910-2997-9



www.schaeffer-poeschel.de
info@schaeffer-poeschel.de

Einbandgestaltung: Willy Löffelhardt/Melanie Frasch
Satz: Claudia Wild, Konstanz
Druck und Bindung: Kösel, Krugzell · www.koeselbuch.de

Printed in Germany
August 2010

Schäffer-Poeschel Verlag Stuttgart
Ein Tochterunternehmen der Verlagsgruppe Handelsblatt

# Vorwort

*Warum braucht ein Unternehmen eine Strategie?*
Die Erfahrungen aus über 25 Jahren Beratertätigkeit zeigen, dass die Strategie die Grundlage für den nachhaltigen Unternehmenserfolg darstellt. Dies gilt nicht nur für Großunternehmen, sondern auch für kleine und mittlere Unternehmen. Aufgrund dieser Tatsache erstaunt es, dass viele Unternehmen keine, zumindest keine schriftlich festgelegte Strategie haben. Befragt man die Unternehmer über die Gründe, erhält man Antworten wie: »Keine Zeit«, »Wir haben jetzt Wichtigeres zu tun« oder: »Das machen wir später«. Die Wichtigkeit und der Nutzen einer Strategie werden indes kaum infrage gestellt. Wer aber vom Tagesgeschäft absorbiert ist und einfach das Anfallende abarbeitet, läuft Gefahr, sich zu verzetteln und wichtige Entwicklungen nicht oder zu spät wahrzunehmen. Das kann fatale Folgen haben. Strategiearbeit bedeutet, Entwicklungen frühzeitig zu erkennen, diese richtig einzuschätzen und festzulegen, wie das Unternehmen sich darauf einstellen soll.

Nun kann eingewendet werden, dass es Unternehmen gibt, die auch ohne Strategie erfolgreich sind. Schaut man diese Unternehmen aber genauer an, stellt man fest, dass das Management in den meisten Fällen eine klare Vorstellung davon hat, wo die Reise hingehen soll, obwohl die Strategie nicht schriftlich festgelegt ist. Dies kann – zumindest für eine bestimmte Zeit – recht gut funktionieren, vor allem in kleinen Unternehmen mit einer starken Unternehmerpersönlichkeit. Will das Unternehmen aber expandieren und neue Geschäftsfelder aufbauen oder steht ein Führungswechsel an, stößt diese Form bald an ihre Grenzen. Um ein Unternehmen *nachhaltig* erfolgreich zu führen, braucht es eine schriftlich festgelegte Strategie. Aus gutem Grund will deshalb eine Bank vor der Vergabe eines Darlehens einen Businessplan sehen und die Strategie des Unternehmens kennen. Ein Unternehmen, das hier nichts vorweisen kann, wird kaum einen Kredit erhalten.

*Warum dieses Buch?*
Die vorhandene, umfangreiche Literatur ist i. d. R. theorielastig und für den Laien kaum verständlich. Selbst die Literaturbeiträge, die sich thematisch den Klein- und Mittelunternehmen verpflichtet sehen, erschlagen den Leser mit einer Vielzahl konzeptioneller Vorschläge – und erschweren dadurch die eigenständige Erarbeitung einer Strategie. Dieser praxisorientierte Strategie-Workshop soll diese Lücke schließen. Nach der Lektüre des Buches ist der Leser in der Lage, die Strategie in fünf Schritten selbstständig zu erarbeiten. Der gesamte Prozess der Strategieerarbeitung dauert rund drei bis vier Monate.

Die Autoren haben in den letzten Jahren mehr als dreißig Strategieprojekte erfolgreich moderiert und realisiert. Im Weiteren haben sie zahlreiche Unternehmen in der Strategieumsetzung begleitet und beraten. Diese Erfahrungen und die bewährte, konzeptionell fundierte Methode werden in diesem Buch verständlich dargestellt.

*Wie verwende ich dieses Buch?*
Nach einer Einführung in das Thema Strategie wird dem Leser in fünf Arbeitsschritten die Methodik zur Strategieerarbeitung dargelegt. Theorie wird lediglich so weit vermittelt, wie sie für das Verständnis nötig ist und anhand von praktischen Beispielen, meistens aus eigenen Beratungsprojekten, veranschaulicht. Ein Glossar am Ende des Buches klärt wichtige Begriffe und hilft Unklarheiten zu beseitigen. Am Ende jedes Arbeitsschrittes folgt jeweils eine Umsetzungsanleitung mit Arbeitsblättern. Sie ermöglichen es dem Leser, den Arbeitsschritt praktisch durchzuführen und die Strategie selbstständig zu erarbeiten. Alle Arbeitsblätter können unter www.schaeffer-poeschel.de/webcode auch aus dem Internet heruntergeladen werden. Ihren persönlichen Zugangscode finden Sie ganz vorne im Buch. Wir empfehlen, vor jedem Arbeitsschritt das jeweilige Kapitel zu lesen und anschließend die Umsetzung anhand der Anleitung vorzubereiten. Wir wünschen eine interessante Lektüre und viel Erfolg beim Erarbeiten Ihrer Unternehmensstrategie.

St. Gallen, im Juni 2010 — Klaus Haake, Willi Seiler

# Inhaltsverzeichnis

Alle Arbeitsblätter können als Word- und pdf-Dokumente unter www.schaeffer-poeschel.de/webcode aus dem Internet heruntergeladen werden. Ihren persönlichen Zugangscode finden Sie ganz vorne im Buch.

# Abbildungsverzeichnis

# Verzeichnis der Arbeitsblätter

Alle Arbeitsblätter können als Word- und pdf-Dokumente unter www.schaeffer-poeschel.de/webcode aus dem Internet heruntergeladen werden. Ihren persönlichen Zugangscode finden Sie ganz vorne im Buch.

## Schritt 1: Initiative und Vorbereitung



## Schritt 2: Analyse



## Schritt 3: Strategieentwicklung

## Schritt 4: Strategieumsetzung



## Schritt 5: Strategieüberprüfung

# Einführung

## Definition

Der Begriff Strategie stammt ursprünglich aus der Kriegsführung. Er umschreibt die Planung des Krieges und die Art und Weise, wie eine Schlacht geführt wurde. Eine Strategie war dann erfolgreich, wenn ein Führer die militärischen Aktionen gut plante und das Heer so führte, dass er die Schlacht und schließlich den Krieg für sich entscheiden konnte. In der Geschichte gibt es viele kriegerische Auseinandersetzungen, in denen ein zahlen- und waffenmäßig unterlegenes Heer dank einer geschickten Strategie einen übermächtigen Gegner schlagen konnte. Als Beispiele zu nennen sind hier die Schlachten der alten Griechen gegen die Perser bei Salamis und Marathon oder die sogenannte »Varusschlacht«, bei der ein römisches Heer von germanischen Verbänden unter geschickter Ausnutzung der örtlichen Topografie aufgerieben wurde.

Der Begriff Strategie wird auch heute noch in diesem ursprünglichen, militärischen Sinn verwendet. Daneben wird er in der Unternehmensführung und weiteren Zusammenhängen beinahe schon inflationär eingesetzt. So spricht man bei Verhandlungen von Verhandlungsstrategie, im Sport von Spielstrategie, und in der Schule kennt man unterschiedliche Lernstrategien. Da der Begriff durch die häufige Anwendung stark verwässert wurde, soll er im Folgenden präzisiert werden.

### Unternehmensstrategie, Bereichsstrategie und Eignerstrategie

In diesem Buch beschäftigen wir uns schwerpunktmäßig mit Strategien der Unternehmensführung. Dabei sind verschiedene Strategiebegriffe voneinander abzugrenzen. Wir unterscheiden zwischen Unternehmensstrategie, Bereichsstrategie und Eignerstrategie.

Die *Unternehmensstrategie* legt die Ziele eines Unternehmens und den Weg zu diesen Zielen fest. Sie ist originär, also nicht ableitbar, und gilt für das ganze Unternehmen. Wird eine Strategie nur für ein bestimmtes Geschäftsfeld eines Unternehmens festgelegt, so unterscheidet sich diese grundsätzlich nicht von der Unternehmensstrategie. Auf eine Unterscheidung zwischen Unternehmens- und Geschäftsfeldstrategie wird aus Gründen der Übersichtlichkeit bewusst verzichtet.

Neben der Unternehmensstrategie werden bei Bedarf aber einzelne *Bereichsstrategien*, wie z. B. eine Marketingstrategie, festgelegt. Bereichsstrategien sind Teilstrategien, die von der Unternehmensstrategie abgeleitet und dieser untergeordnet sind.

Klar von der Unternehmensstrategie abzugrenzen ist die *Eignerstrategie* (vgl. Abbildung 1). Diese beschreibt die Ziele des Inhabers oder der Aktionäre einer Unternehmung. Sofern der Eigner zugleich der Unternehmensleiter ist, was bei kleinen und mittleren Unternehmen oft zutrifft, sind die Interessen in der Regel identisch.

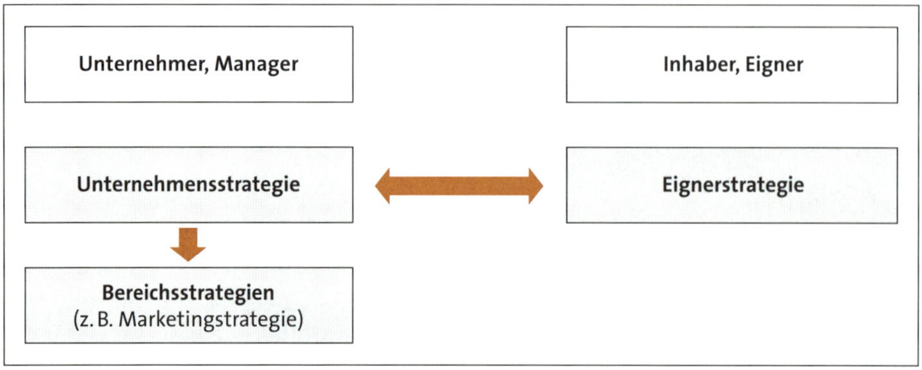


Abbildung 1: Zusammenhang von Unternehmens-, Bereichs- und Eignerstrategie

Anders sieht es jedoch aus, wenn dies nicht der Fall ist, wie z. B. bei Aktiengesellschaften. Die Interessen der Aktionäre sind dann häufig andere als die des Unternehmens. Während das Unternehmen den Gewinn reinvestieren will, liegt es oftmals im Interesse der Aktionäre, dass ein möglichst großer Teil davon ausgeschüttet wird. Der Begriff Strategie wird im Folgenden gleichbedeutend für Unternehmens- oder Profitcenter-Strategien vewendet.

## Die Unternehmensstrategie

In einer Unternehmensstrategie werden die grundsätzliche Marschrichtung einer Organisation für die nächsten drei bis fünf Jahre und die Leitplanken für das zukünftige Handeln festgelegt. Sie definiert damit Handlungsfelder bzw. das, was ein Unternehmen in Zukunft tun will. Gleichzeitig legt sie auch fest, was das Unternehmen *nicht* tun will (Abbildung 2). Die Unternehmensführung fällt mit

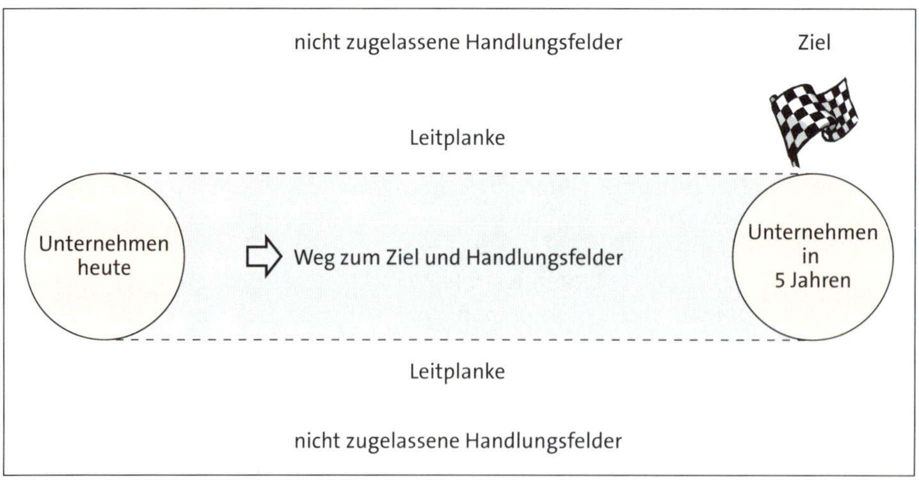


Abbildung 2: Die Strategie beschreibt das Ziel und den Weg dahin.

der Strategie grundsätzliche Entscheidungen über Absichten, Schwerpunkte und Prioritäten. Strategiearbeit bedeutet Gestaltung der Zukunft. Strategische Entscheidungen beeinflussen somit die zukünftige Entwicklung des Unternehmens. Sie bilden die Grundlage für alle weiteren Entscheidungen und das konkrete Handeln im operativen Geschäft.

## Strategische und operative Führung

Die strategische Führung ist nicht nur für Großunternehmen, sondern auch für kleine und mittlere Unternehmen ein wichtiger Erfolgsfaktor. Sie stellt die Orientierung an *langfristigen* Zielen sicher und verhindert eine Verzettelung der Kräfte in der Hektik des Tagesgeschäfts. Die strategische Führung unterscheidet sich von der operativen Führung vor allem durch den unterschiedlichen Zeitbezug und die unterschiedliche Komplexität.

Vereinfacht kann man sagen, strategische Führung bedeutet: *Die richtigen Dinge tun!* Operative Führung heißt: *Die Dinge richtig tun!* Starke strategische Führung stellt somit sicher, dass Führungskräfte die richtigen Problemfelder bearbeiten und die Firma langfristig richtig positioniert ist. Gute operative Führung dagegen sichert Effizienz und Produktivität. Erfolgreiche Firmen werden somit effektiv und effizient geführt. Die Zusammenhänge sind in Abbildung 3 dargestellt.

| | |
|---|---|
| **Die richtigen Dinge tun!** | **Die Dinge richtig tun!** |
| ↓ | ↓ |
| **Was tun wir?** | **Wie tun wir es?** |
| **Effektivität**<br>=<br>Grad der Zielerreichung<br>(Wirksamkeit) | **Effizienz**<br>=<br>Maß für die Wirtschaftlichkeit<br>(Kosten-Nutzen-Relation) |

Abbildung 3: Die richtigen Dinge tun – die Dinge richtig tun!

In der Praxis lassen sich die beiden Ebenen jedoch nicht exakt abgrenzen. Unternehmungsführung beinhaltet immer strategische und operative Führung. Die Unterschiede zwischen strategischer und operativer Führung sind in Abbildung 3 und Abbildung 4 dargestellt.

| Strategisch | Operativ |
|---|---|
| ■ Allgemein, visionär<br>■ Grundsätzliche Entscheidungen, nicht aus übergeordneten Entscheidungen ableitbar<br>■ Langfristig wirksam<br>■ Entscheidungen sind eher:<br>– Innovativ<br>– Komplex<br>– Risikoreich | ■ Konkret<br>■ Entscheidungen sind aus der Strategie ableitbar<br>■ Eher kurzfristig wirksam<br>■ Entscheidungen sind eher:<br>– Repetitiv<br>– Übersichtlich<br>– Weniger risikoreich |

Abbildung 4: Merkmale strategischer und operativer Führung

Strategische Entscheidungen kommen nur zum Tragen, wenn sie auch umgesetzt werden. Operatives Handeln, das nicht auf strategischen Entscheidungen beruht, führt zur Verzettelung der Kräfte und letztlich ins Chaos.

# Strategische Führung in kleinen und mittleren Unternehmen

## Was sind kleine und mittlere Unternehmen?

Der Begriff KMU für kleine und mittlere Unternehmen wird vor allem in der Schweiz verwendet. Kleine und mittlere Unternehmen werden in Deutschland als mittelständische Unternehmen und in Belgien und Österreich als Klein- und Mittelbetriebe (KMB) bezeichnet. International sind die englischen Bezeichnungen Small and Medium-sized Business (SMB) oder Small and Medium-sized Enterprises (SME) gebräuchlich.

Als kleine und mittlere Unternehmen bezeichnet man Firmen, die hinsichtlich Beschäftigtenzahl, Umsatzerlös oder Bilanzsumme eine festgelegte Größe nicht überschreiten. Unternehmen, welche diese Werte überschreiten, werden Großunternehmen genannt. Die Kommission der Europäischen Union (EU) hat für KMU die folgende Definition (Abbildung 5) festgelegt:

| Typ | Beschäftigte | | Umsatzerlös (Mio. €) | | Bilanzsumme (Mio. €) |
|---|---|---|---|---|---|
| Kleinstunternehmen | < 10 | und | ≤ 2 | oder | ≤ 2 |
| Kleine Unternehmen | < 50 | und | ≤ 10 | oder | ≤ 10 |
| Mittlere Unternehmen | < 250 | und | ≤ 50 | oder | ≤ 43 |

Abbildung 5: Definition KMU gemäß EU-Kommission (Quelle: Amtsblatt der Europäischen Union, L 124 vom 20.5.2003)

Für die Anerkennung als kleines und mittleres Unternehmen durch die EU ist es weiterhin nötig, dass höchstens 25 % des Unternehmens im Besitz von Firmen sein darf, die dieser Definition nicht entsprechen. Wir orientieren uns in diesem Buch an der Definition der EU.

## Besonderheiten der strategischen Führung in kleinen und mittleren Unternehmen

Die strategische Führung für kleine und mittlere Unternehmen unterscheidet sich im Prinzip nicht von derjenigen in Großbetrieben. Kleine und mittlere Unternehmen haben wegen ihrer geringeren Größe jedoch einige *Vorteile* aufzuweisen. Zu nennen sind insbesondere folgende:

- große Kundennähe und gute Marktkenntnisse
- Geschäftsführer ist oft Eigentümer
- großer Einfluss des Unternehmers: Chef ist Motor der Veränderung, dadurch hohe Flexibilität und schnelle Umsetzung möglich
- hohe Identifikation und Motivation der Mitarbeiter

Andererseits ergeben sich dadurch auch gewisse *Nachteile*:

- oft kaum Zeit für strategisches Denken
- beschränkte Mittel und Ressourcen
- fehlendes Know-how und Methodikwissen
- Überlastung der Unternehmungsführung

Wegen dieser Besonderheiten sehen sich kleine und mittlere Unternehmen in besonderem Maße gezwungen, Strategieprojekte effizient durchzuführen. Dies zwingt sie dazu, das *ökonomische Prinzip* konsequent anzuwenden.

Folglich muss
a) ein gegebenes Resultat mit kleinstmöglichem Aufwand oder
b) mit gegebenem Aufwand das größtmögliche Resultat erreicht werden.

Das bedeutet, dass eine Strategie effizient erarbeitet *und* umgesetzt werden muss. Diese Anforderung sehen wir keineswegs als Nachteil, im Gegenteil: Was lange dauert, wird meist nicht besser. Die Erfahrung zeigt, dass ein gewisser Zeitdruck Vorteile hat und das Ergebnis positiv beeinflusst. Zentrales Anliegen dieses Buches ist es, kleinen und mittleren Unternehmen eine bewährte Methodik zur Verfügung zu stellen, welche die geforderte effiziente Strategieerarbeitung ermöglicht.

Für die Strategieerarbeitung bewährt sich die Anwendung des Pareto-Prinzips (Abbildung 6) oder der 80:20-Regel. Das Prinzip besagt, dass mit 20 % des Aufwands 80 % des Resultats erreicht werden kann. Wer die restlichen 20 %, also 100 % des Resultats erreichen will, muss dafür einen unvergleichlich hohen Aufwand betreiben, der sich wirtschaftlich kaum mehr rechtfertigen lässt. Im Volksmund gibt es dazu das schöne Sprichwort »Das Beste ist der Feind des Guten«. Das Pareto-Prinzip trifft dabei auf die unterschiedlichsten Situationen zu:

- 20 % der Arbeit machen 80 % des Erfolgs aus,
- 20 % der Produkte machen 80 % vom Umsatz aus,
- 80 % der Reklamationen kommen von 20 % der Kunden,
- 20 % der Steuerzahler zahlen 80 % der Steuern.

Die Strategiearbeit kann sich daher auf diejenigen 20 % des »Inputs« beschränken, welche 80 % des Resultats ausmachen. Den Rest kann man sich getrost schenken.

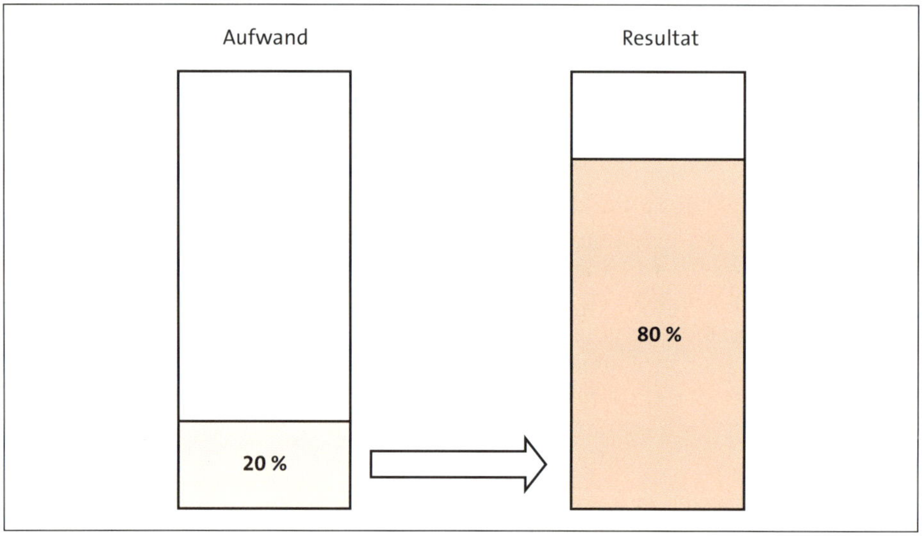


Abbildung 6: Das Pareto-Prinzip oder die 80:20-Regel

# Der Strategie-Workshop

Die im Folgenden dargestellte Methodik zur Erarbeitung einer Unternehmensstrategie basiert im Wesentlichen auf dem Ansatz der »Strategischen Erfolgspositionen oder SEP« von C. Pümpin und W. Amann[1]. SEP sind Fähigkeiten bzw. Kernkompetenzen eines Unternehmens, die es ermöglichen, langfristig überdurchschnittlich erfolgreich zu sein (vgl. dazu Schritt 3: Kernkompetenzen festlegen).

Die Autoren haben mit der aus diesem Ansatz heraus entwickelten Methodik in den letzten Jahren mehrere Dutzend Strategien erfolgreich erarbeitet und umgesetzt.

Das Vorgehen wurde dabei mit jedem Projekt optimiert, verfeinert und vereinfacht. Die vorgestellte Methodik darf deshalb für sich in Anspruch nehmen, praxiserprobt, bewährt und ausgereift zu sein.

Der Leser profitiert dabei von folgenden Vorteilen:

- Die Methodik ist leicht verständlich und setzt keine besonderen Kenntnisse voraus.
- Es wird ein kurzer und einfacher Weg zum Ziel aufgezeigt.
- Theoretische Grundlagen werden nur soweit vermittelt, als sie für das Verständnis nötig sind.
- Die Umsetzungsanleitung und die Arbeitsblätter am Ende jeden Kapitels ermöglichen es dem Leser, die Strategie für sein Unternehmen selbstständig zu erarbeiten. Sämtliche Arbeitsblätter stehen für die Leser auch als Dateien zum Download unter www.schaeffer-poeschel.de/webcode zur Verfügung – die praktische Strategiearbeit kann damit unverzüglich gestartet werden.
- Die Erarbeitung und Umsetzung der Strategie ist in kurzer Zeit und mit geringem Aufwand möglich.

## Überblick über das Vorgehen

Das Vorgehen zur Erarbeitung einer Strategie erfolgt in fünf Schritten (siehe Abbildung 7). Für die eigentliche Strategieerarbeitung (Schritt 1 bis 4) werden drei bis vier Monate Zeit benötigt. Die Strategieüberprüfung (Schritt 5) ist eine längerfristige Aufgabe, die je nach Umfang mehrere Jahre in Anspruch nehmen kann. Die Schritte 2 bis 4 werden im Rahmen von Workshops durchgeführt. Dieses prozessorientierte Vorgehen bietet mehrere Vorteile:

- Es gewährleistet ein systematisches Vorgehen.
- Es stellt sicher, dass nichts Wesentliches vergessen wird.
- Es verbessert die Qualität der Ergebnisse.

1 Pümpin, C./Amann W. (2005).

Um einen ersten kurzen Überblick über den gesamten Prozess zu geben, sind im Folgenden die Inhalte der einzelnen Schritte kurz dargelegt.

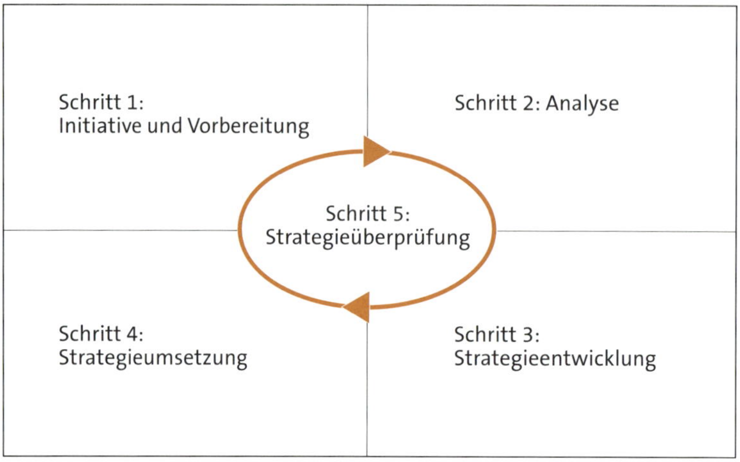


Abbildung 7: Übersicht über den Prozess der Strategieerarbeitung

### Schritt 1: Initiative und Vorbereitung

Jedes Strategieprojekt wird aus unterschiedlichen Gründen ausgelöst oder initiiert. Bereits dieser Schritt muss geplant und vorbereitet werden. So sind die Ziele zu bestimmen, welche mit der Strategie erreicht werden sollen. Im Weiteren muss festgelegt werden, wer die Strategie erarbeitet, ob es externe Unterstützung braucht, welche Ressourcen zur Verfügung stehen usw.

### Schritt 2: Analyse

Als Nächstes erfolgt eine genaue Analyse der Ausgangslage. Dazu werden relevante Daten aus Umwelt, Markt und Unternehmen zusammengetragen, analysiert, bewertet und zu einer Gesamtschau verdichtet.

Aus den Ergebnissen lassen sich anschließend zentrale Fragen ableiten: Wo ergeben sich für das Unternehmen Chancen? Gibt es neue Tätigkeitsgebiete, oder müssen bisher bearbeitete Tätigkeitsgebiete abgebaut werden? Wie könnte sich das Unternehmen in Zukunft im Markt differenzieren? Wo können strategische Vorteile aufgebaut oder bestehende weiterentwickelt werden?

### Schritt 3: Strategieentwicklung

Ziel der Strategieentwicklung ist es, aufgrund der Erkenntnisse der durchgeführten Analysen, die zukünftige Marschrichtung der Unternehmung verbindlich festzulegen. Dabei sind i. d. R. verschiedene Optionen denkbar und möglich. Es gilt dabei abzuwägen, welche Strategievariante am erfolgversprechendsten ist. Die beste Variante wird ausgewählt, operationalisiert und in einem Strategiepapier ausformuliert.

### Schritt 4: Strategieumsetzung

In der Strategieumsetzung wird festgelegt, wie die Strategie wirksam und in nützlicher Frist umgesetzt werden kann. Dazu sind Aktionspläne und konkrete Maßnahmen zu erarbeiten. Die zentralen Fragen sind: Wer macht was, bis wann und mit welchen Mitteln? Ergebnis dieses Schrittes ist ein nach Prioritäten geordneter Umsetzungs- und Maßnahmenplan. Zusätzlich kann hier eine Balanced Scorecard (vergleiche dazu die Ausführungen auf S. 127) aufgebaut werden.

### Schritt 5: Strategieüberprüfung

Im fünften Schritt gilt es schließlich zu klären, wie die Umsetzung der Strategie kontrolliert und überwacht wird. Ein wirksames Strategiecontrolling soll sicherstellen, dass die Strategie wie geplant umgesetzt wird. Abweichungen in der Umsetzung können dadurch frühzeitig festgestellt und entsprechende Maßnahmen eingeleitet werden.

## Ergebnis der Strategieerarbeitung

Das Resultat des Strategieerarbeitungsprozesses ist ein kurzes, prägnantes Strategiedokument. Die Inhalte sind in Abbildung 8 in einem »Strategiehaus« visualisiert. Dieses besteht aus den folgenden Elementen:

**Vision** – Diese zeigt, wo das Unternehmen hin will und wer es in den nächsten 3–5 Jahren werden will.

**Mission** – Die Mission beschreibt die Identität des Unternehmens bzw. worin das Unternehmen seinen Auftrag in der Gesellschaft sieht.

**Nutzenpotenziale** – Hier ist festgelegt, welche vorhandenen Potenziale im Markt oder Umfeld das Unternehmen gezielt erschließen will.

**Kernkompetenzen** – Kernkompetenzen sind spezifische Fähigkeiten, die benötigt werden, um die anvisierten Nutzenpotenziale erfolgreich zu erschließen und damit längerfristig erfolgreich zu werden. Diese sind vom Unternehmen gezielt auf- und auszubauen.

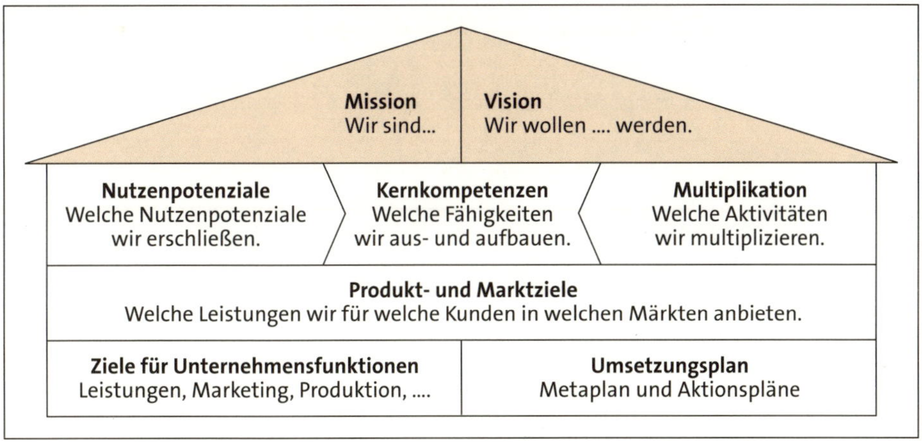


Abbildung 8: Das »Strategiehaus« als Ergebnis des Strategieerarbeitungsprozesses

**Multiplikation** – Hier sind Prozesse und Systeme definiert, die das Unternehmen systematisch standardisieren und multiplizieren will.

**Produkt- und Marktziele** – Die Produkt- und Marktziele beschreiben, mit welchen Leistungen bzw. Produkten, bei welchen Kunden, auf welchen Märkten das Unternehmen sein Geld verdienen will.

**Ziele für die Unternehmensfunktionen** – Für jede Unternehmensfunktion (z. B. Marketing, Produktion usw.) wird abgeleitet, welchen Beitrag sie zum Aufbau der Kernkompetenzen beizutragen hat.

**Umsetzungsplan** – Hier ist ein konkreter, nach Prioritäten geordneter Plan zur Umsetzung der Strategie festgelegt.

# Schritt 1: Initiative und Vorbereitung

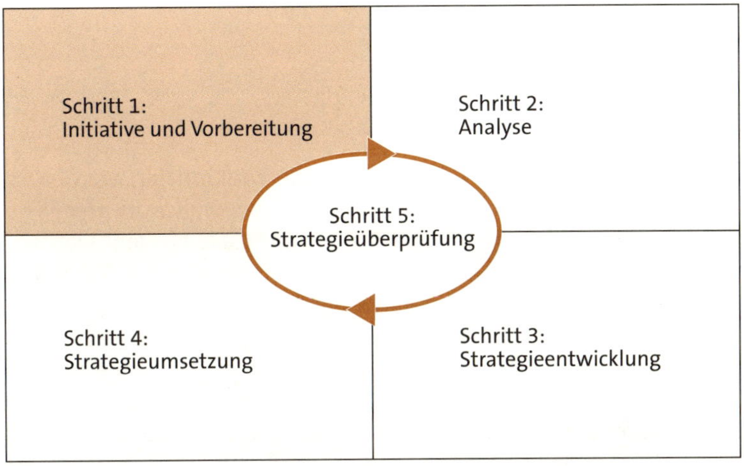


Gründe zur Lancierung eines Strategieprojekts können eine plötzliche Krise, Absatzprobleme, der Markteintritt eines neuen Konkurrenten oder sinkende Erträge sein. Aber auch neue Chancen im Markt, wie die Einführung einer neuen Technologie, eine geplante Expansion ins Ausland, das Erschließen neuer Kundensegmente oder die Entwicklung neuer Produkte können die Unternehmensleitung veranlassen, eine Strategie zu erarbeiten. *Das übergeordnete Ziel einer Strategie ist, die Marktposition des Unternehmens nachhaltig und systematisch zu verbessern.*

In weitsichtig geführten Unternehmen ist Strategiearbeit ein fester Bestandteil der Unternehmensführung. In einem definierten Rhythmus, i. d. R. ein Mal jährlich, werden strategische Fragen von der Geschäftsleitung und den leitenden Angestellten im Rahmen einer Strategietagung diskutiert.

Die Initialisierung eines Strategieprojekts erfolgt i. d. R. durch die Geschäftsleitung. Es kann aber sinnvoll sein, bereits in der Vorbereitung weitere Teilnehmer miteinzubeziehen. Im Rahmen eines Kick-off-Meetings sind die im Folgenden beschriebenen Punkte zu klären.

## Ausgangslage klären und Strategieziele festlegen

Die Beschreibung der Ausgangslage ist Voraussetzung für die Formulierung der Ziele, die mit der Strategie erreicht werden sollen: Wo steht das Unternehmen heute? Wo gibt es Probleme? Was veranlasst uns dazu, eine Strategie zu erarbeiten? Diese Bestandesaufnahme ist kurz und präzise zu formulieren.

Generelles Ziel jeder Strategie ist die *Sicherung einer langfristig erfolgreichen Entwicklung des Unternehmens.*

Häufig stehen aber bereits beim Auslösen eines Strategieprojekts spezifische Ziele im Vordergrund. Solche Ziele könnten beispielsweise sein:

- Steigerung der Rentabilität
- Verbesserung der Kostenstruktur, Steigerung der Effizienz
- Expansion ins Ausland
- Erschließen neuer Märkte oder Kundensegmente
- Überarbeitung des Geschäftsmodells
- Neupositionierung im Markt
- Kauf oder Verkauf von Unternehmen oder Teilen davon
- Schaffen einer einheitlichen Führungsphilosophie

Die Ziele sollten nach Möglichkeit bereits an dieser Stelle konkretisiert werden.

- *Welche finanziellen Ziele sollen (müssen) mit der Strategie erreicht werden?*
  Mit einer Strategie müssen i. d. R. immer auch finanzielle Ziele erreicht werden. Dies kann der Umsatz, der Cashflow, ein Deckungsbeitrag oder der Return of Investment sein. Finanzielle Eckziele sind dabei häufig durch festgelegte Politiken oder betriebswirtschaftliche Notwendigkeiten vorgegeben. Hat ein Unternehmen ein Cashflow-Ziel von 20 % vom Umsatz definiert, so wird erwartet, dass eine Strategie diesen Cashflow erwirtschaftet oder übertrifft. Eventuell gibt es auch feste Grundsätze über die Zeitspanne, in welcher sich eine Investition amortisieren muss. Wurde festgelegt, dass investiertes Kapital in vier Jahren zurückfließen muss, so wird dies auch bei einer Expansion ins Ausland Gültigkeit haben.
- *Welche weiteren messbaren Ziele sollen mit der Strategie erreicht werden? Welches sind die relevanten Messgrößen?*
  Neben den finanziellen Vorgaben gibt es oft weitere Ziele, die mit der Strategie erreicht werden sollen. Ist dies der Fall, sind auch diese festzulegen. Dazu wieder zwei Beispiele: Beim Ziel »Expansion ins Ausland« gilt als Vorgabe für die Strategie, dass bis zum Jahr 2015 in Deutschland ein Marktanteil von 10 % zu erreichen ist. Wird eine neue Produktlinie lanciert, könnte die Vorgabe sein, die Auslastung der Produktion auf 80 % zu steigern.

Abbildung 9 zeigt die Ausgangslage und die formulierten Strategieziele am Beispiel einer Getreidemühle. Das Beispiel ist typisch für ein produktionsorientiertes Unternehmen. Aus den wenigen Stichworten in der Ausgangslage wird ersichtlich, dass sich die Getreidemühle zu lange nur auf das traditionelle Geschäft konzentriert hat. Die Entwicklung neuer Produkte wurde dabei vernachlässigt. Des Weiteren ist das Marketingdenken im Unternehmen nur schwach ausgeprägt.

Beim Festlegen der Ziele ist darauf zu achten, dass die Strategiearbeit nicht zu stark eingeengt und damit frühzeitig erfolgversprechende Lösungsvarianten ausgeschlossen werden. Strategiearbeit ist kreative Arbeit und benötigt einen gewissen Freiraum. Gibt es aber Mussziele, sind sie gleich am Anfang klar festzulegen. Mussziele sind Vorgaben und bilden die Leitplanken für die Strategiearbeit.

| | |
|---|---|
| **Ausgangslage** | *Probleme*<br>▪ rückläufige Erträge mit den traditionellen Produkten<br>▪ nicht ausgelastete Produktion<br>▪ ungenügende Rentabilität<br><br>*Chancen*<br>▪ großes Potenzial für neue Produktgeneration |
| **Strategieziele** | ▪ Entwicklung neuer, zukunftsfähiger Produkte<br>▪ Steigerung der Innovationskraft<br>▪ Erschließen neuer Märkte: Die Strategie soll in zwei Jahren 30 % Umsatz-Wachstum durch Exporttätigkeit generieren<br>▪ Cashflow-Ziel: 15 % vom Nettoumsatz bis 2012<br>▪ Positionierung als Qualitätsführer |

Abbildung 9: Ausgangslage und Strategieziele einer Getreidemühle (Beispiel anonymisiert)

## Strategieprojekt vorbereiten

In diesem Arbeitsschritt werden das Strategieteam, der Vorgehens- und Zeitplan und die Projektorganisation festgelegt.

### Allein oder im Team?

Es hat sich bewährt, die Strategie zusammen mit den wichtigsten Führungskräften und nicht allein im Elfenbeinturm der Geschäftsleitung zu erarbeiten. Dies hat mehrere Gründe.

- *Erstens*: Betroffene sind auch Beteiligte! Die Führungskräfte sind diejenigen, welche die Strategie später umsetzen müssen. Sind sie bei der Erarbeitung dabei und können sie ihre Gedanken und Ideen einbringen, werden sie sich bei der Umsetzung umso stärker engagieren. Die Geschäftsleitung braucht somit die Strategie den Führungskräften weder »zu verkaufen« noch sie dafür zu motivieren.
- Für die Strategieerarbeitung im Team spricht *zweitens*, dass auch das vorhandene Know-how der Führungskräfte für das Unternehmen nutzbar gemacht wird. Dies erhöht die Chance auf ein besseres Resultat.
- Und *drittens*: Die Erarbeitung einer Strategie ist ein anspruchsvoller Prozess, der ausgezeichnete Entwicklungs- und Lernmöglichkeiten für das Führungsteam bietet. Die Strategiearbeit schweißt ein Team zusammen, fördert ein gemeinsames Geschäfts- und Führungsverständnis und stärkt die »Unité de doctrine«. Weiter zeigt die Strategiearbeit die vorhandenen Potenziale der Führungskräfte, aber auch deren Defizite und Grenzen auf. Die Geschäftsleitung lernt ihre Führungskräfte besser kennen und kann dadurch abschätzen, ob diese auch in der Lage sein werden, die Strategie umzusetzen.

Schließlich bleibt die Frage nach der Zusammensetzung und Größe des Strategieteams zu klären. Die Zusammensetzung des Teams ergibt sich in der Regel aus dem Organigramm. Im Beispiel in Abbildung 10 besteht das Strategieteam aus dem Geschäftsleiter und der ersten Führungsebene. Das Strategieteam sollte

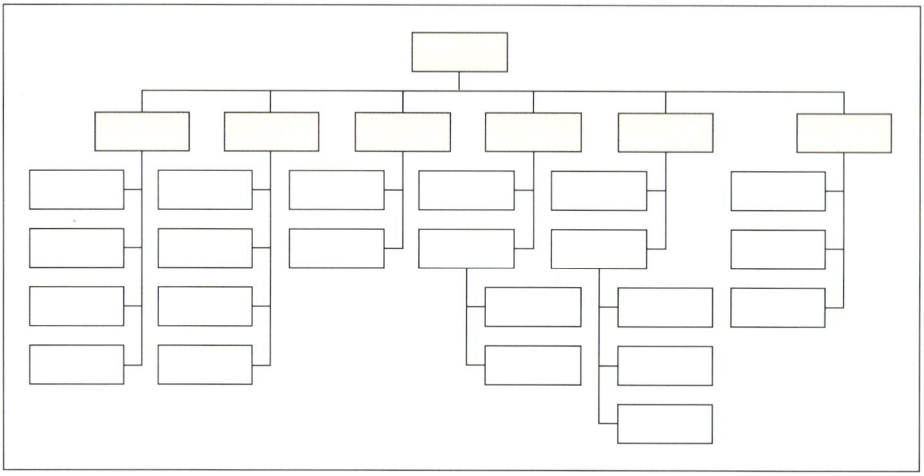

Abbildung 10: Die Entscheidungsträger gehören in jedes Strategieteam

weder zu groß noch zu klein sein. Wir erachten ein Team von 6 bis maximal 10 Teilnehmern als ideal. Wichtig ist, dass die Entscheidungsträger im Strategieteam vertreten sind. Es bedeutet enormen Ressourcenverschleiß und riesige Demotivation für ein Strategieteam, wenn eine mit Engagement und Herzblut erarbeitete Strategie anschließend von den Entscheidungsträgern abgelehnt wird. Eine solche Enttäuschung kann das ganze Unternehmen lähmen.

Fallweise kommen für das Strategieteam auch Eigner-Vertreter, Gesellschafter, Berater oder (unternehmerisch denkende) Betriebsräte in Frage.

## Projektorganisation

Strategieerarbeitung ist ein klar definierter Prozess, der eine minimale und effiziente Projektorganisation benötigt. Dazu braucht es einen Projektleiter, der das Management des Prozesses sicherstellt. Dies kann der Geschäftsleiter bzw. ein Mitglied des Strategieteams oder ein externer Strategieberater sein. Die Aufgabenteilung ist in Abbildung 11 ersichtlich.

| Funktion | Aufgaben | Bemerkungen |
|---|---|---|
| **Steuerungsausschuss** | Steuerung und Überwachung des Projektes, Entscheidung | gibt es i. d. R. nur bei großen Organisationen |
| **Projektleiter** | Vorbereitung, Moderation, Protokollierung der Sitzungen und Workshops | Projektleiter ist i. d. R. der Geschäftsleiter, ein Mitglied des Strategieteams oder ein externer Berater |
| **Projekt-Mitarbeiter** | Mitarbeit in Sitzungen und Workshops, Ausführen von Aufträgen, Umsetzen von Maßnahmen | i. d. R. die leitenden Angestellten |

Abbildung 11: Übersicht Projektorganisation

**Exkurs**

**Mit oder ohne externe Beratung?**

Bei der Strategieerarbeitung stellt sich die Frage, ob diese alleine oder mit Unterstützung eines externen Beraters erarbeitet werden soll. Gegen eine Beratung sprechen die damit verbundenen Kosten. Die Erfahrung zeigt aber, dass sich der Einbezug eines Externen meistens lohnt. Ein qualifizierter Berater verfügt über das nötige Methodenwissen, ausreichende Erfahrung und weiß, wie ein Strategieprozess gemanagt wird. Die Beteiligung eines Externen hat auch den Vorteil, dass neue Aspekte inhaltlicher und methodischer Art in die Überlegungen einfließen. Die Sicht von außen verhindert zudem Betriebsblindheit und erweitert den Horizont. Insgesamt fördert eine externe Unterstützung die Effizienz bei der Erarbeitung der Strategie. Die Qualität der Ergebnisse wird besser, wodurch die Chancen für eine erfolgreiche Umsetzung steigen.

In der Projektorganisation ist schließlich der Entscheidungsmodus festzulegen. Um eine hohe Motivation sicher zu stellen, empfehlen wir Entscheidungen im Team zu fällen. Konsensentscheidungen erhöhen die Chancen für eine erfolgreiche Umsetzung. Bei Uneinigkeit und langwierigen, nicht zielführenden Diskussionen muss jedoch die Geschäftsleitung eingreifen und Klarheit schaffen. Eine weitere Möglichkeit besteht darin, dass die Geschäftsleitung das Team entscheiden lässt, sich aber ein Vetorecht vorbehält. In jedem Fall sollte der Entscheidungsmodus im Voraus festgelegt und kommuniziert werden. Unklarheiten über Entscheidungsbefugnisse können im Team zu Enttäuschungen oder Konflikten führen. Beides ist der Strategiearbeit nicht förderlich. Erfahrungsgemäß schließen klare Zielformulierungen Fehlentwicklungen bei der Strategieerarbeitung aus.

## Vorgehens- und Zeitplan

Die Erarbeitung einer Strategie beansprucht in der Regel drei bis vier Monate Zeit (Abbildung 12). Sie erfolgt je nach Unternehmensgröße in drei ein- bis zweitägigen Workshops. Es empfiehlt sich, diese in Abständen von etwa vier Wochen durchzuführen. So bleibt einerseits jeweils zwischen den Workshops genug Zeit, das Erarbeitete zusammenzufassen und gedanklich zu verarbeiten, andererseits sind die Ergebnisse der Strategie nach 4 Wochen im Team noch präsent. Deutlich kürzere oder längere Intervalle zwischen den Workshops wirken sich zumeist ungünstig auf die Qualität und Effizienz der Strategiearbeit aus.

## Budgetierung

Ein wichtiger Punkt zur Vorbereitung der Strategieerarbeitung ist die Budgetierung der internen Aufwände und der externen Kosten. Interne Aufwände sind Analysearbeiten, die Vorbereitungen, Durchführungen und Nachbearbeitungen der Workshops sowie die Formulierung der Strategie. Soll der Prozess durch einen Berater moderiert werden, fallen zusätzlich auch externe Kosten an, die einzurechnen sind. Die Aufwände sind nicht zu unterschätzen: Besteht ein Strategieteam aus sechs bis acht Teilnehmern, benötigt die Strategieerarbeitung schnell ein paar Dutzend Arbeitstage.

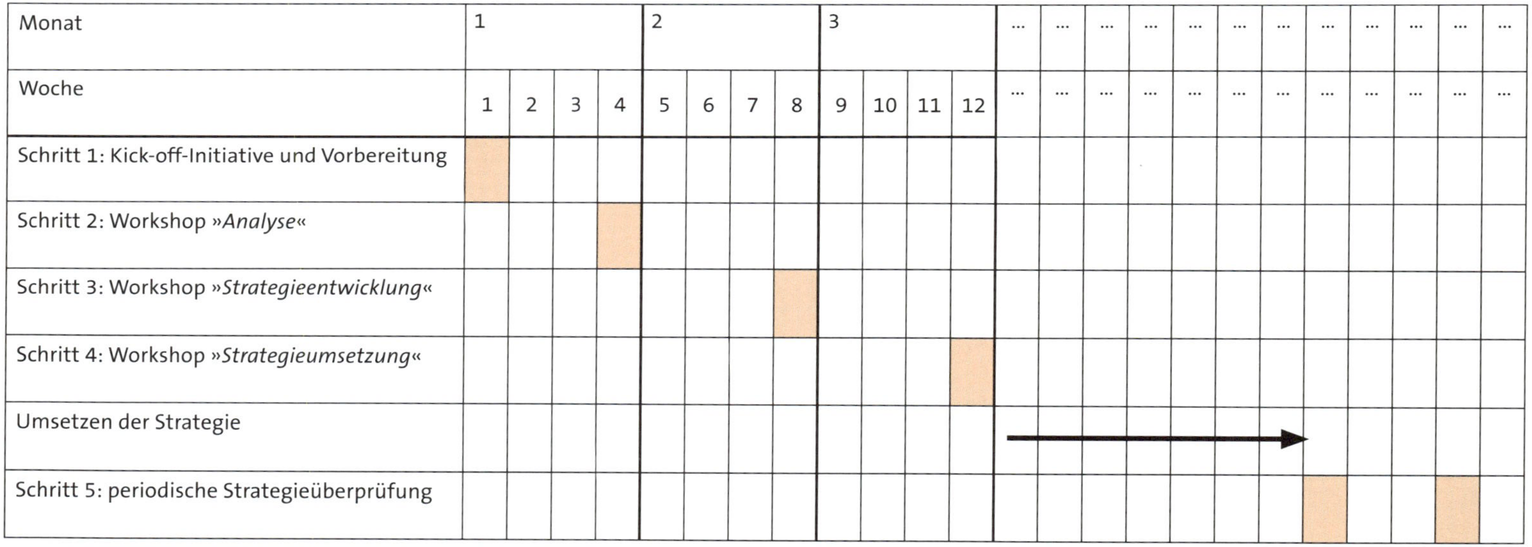


Abbildung 12: Beispiel eines Vorgehens- und Zeitplans zur Strategieerarbeitung

# Schritt 1 umsetzen

Die folgende Umsetzungsanleitung und die Arbeitsblätter ermöglichen Ihnen, die anstehenden Arbeitsschritte selbstständig durchzuführen. Um die Anleitung übersichtlich zu halten, beschränken wir uns auf das Wichtigste. Für ein vertieftes Verständnis ist es nötig, dass Sie die vorstehenden Abschnitte lesen, bevor Sie mit der Arbeit beginnen.

## Arbeitsblätter

### Arbeitsblatt 1: Programm Kick-off-Meeting

Im Kick-off-Meeting werden die Ausgangslage, die Strategieziele und der Projektplan erstellt.

**1. Ausgangslage klären**

- Probleme und Chancen

**2. Strategieziele festlegen**

- quantitativ
- qualitativ

**3. Das Strategieprojekt vorbereiten**

- Projektleitung/Projektmitarbeiter
- Festlegen Entscheidungsmodus
- Festlegen Budget und Ressourcen
- Erstellen Zeitplan

## Arbeitsblatt 2: Ausgangslage klären und Strategieziele festlegen

1. Skizzieren Sie die Ausgangslage des Unternehmens. Was sind die aktuellen Herausforderungen? Wo gibt es Chancen, was sind die Probleme?
2. Beschreiben Sie kurz und prägnant die Ziele, die mit der Strategie erreicht werden sollen?

**1. Ausgangslage klären**

- Chancen/Probleme

**2. Strategieziele festlegen**

- qualitativ/quantitativ

## Arbeitsblatt 3: Checkliste zur Prüfung externer Berater

1. Wenn Sie erwägen, das Strategieprojekt mit Unterstützung eines externen Beraters durchzuführen, sollten Sie infrage kommende Berater bereits vor dem Kick-off-Meeting prüfen.
2. Benutzen Sie dazu die folgende Checkliste und ergänzen Sie die Fragen bei Bedarf. Wählen Sie den Berater, der die Kriterien am besten erfüllt.

| | **Berater 1** | **Berater 2** |
|---|---|---|
| Hat das Beratungsunternehmen einen guten Ruf? | | |
| Wirkt es seriös und vertrauensvoll? | | |
| Hat der Berater Erfahrung in vergleichbaren Unternehmen und Projekten? (Referenzen nachfragen) | | |
| Verfügt er über das notwendige Methodenwissen? | | |
| Kann er das Vorgehen und seine Methode klar und einfach darstellen? | | |
| Liegt das Honorar im Rahmen des Budgets? | | |
| Passt er zum Unternehmen und zur Kultur? | | |
| Stimmt auch die Chemie? | | |
| Wird er im Team akzeptiert werden? | | |
| ... | | |
| Total Punkte | | |

Bewertung: 2: ja, 1: teilweise, 0: eher nein

**Arbeitsblatt 4: Projektplan erarbeiten**

1. Entscheiden Sie auf Grund der Checkliste (Arbeitsblatt 3), ob Sie die Strategie intern oder mit Unterstützung eines externen Beraters erarbeiten wollen.
2. Legen Sie den Projektleiter und die Projektmitarbeiter fest.
3. Budgetieren Sie die externen und internen Kosten in Euro/Franken und Arbeitstagen.
4. Legen Sie fest, wann das Projekt abgeschlossen sein muss.
5. Die Strategieerarbeitung erfolgt je nach Größe des Unternehmens und Komplexität des Geschäfts in drei ein- bis zweitägigen Workshops. Bestimmen Sie die Termine für die Workshops und planen Sie zwischen diesen etwa vier Wochen Zeit ein.

- Projektleiter

- Projektmitarbeiter

- Kosten Extern (CHF/Euro)

- Ressourcen intern (CHF/Euro, Arbeitstage)

- Zeitplan/Termine: Workshop 1 ____________ Workshop 2 ____________ Workshop 3 ____________

# Schritt 2: Analyse

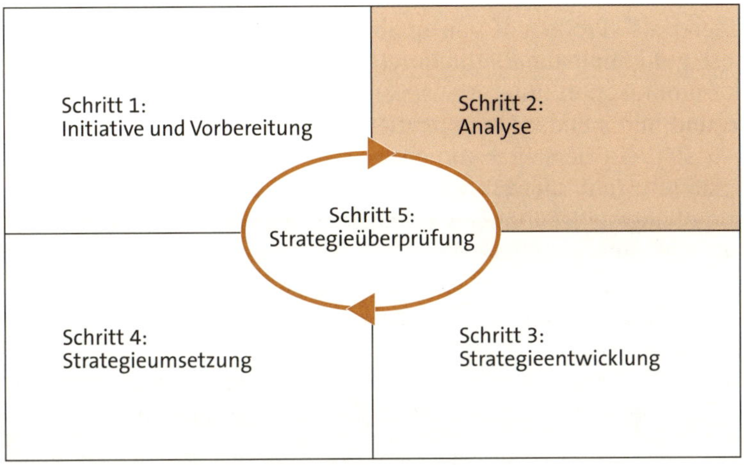


Im zweiten Schritt – der Analyse – wird ein Workshop durchgeführt. Dabei werden Trends und Entwicklungen in Markt und Umwelt sowie Stärken und Schwächen im Unternehmen analysiert und bewertet. Daraus werden anschließend Chancen und Gefahren abgeleitet, Differenzierungsmöglichkeiten geprüft und erste strategische Optionen evaluiert. Als Ergebnis resultiert ein Stärken-/Schwächen- und Chancen-/Gefahrenprofil, eine SWOT-Analyse[2] (vergleiche dazu SWOT-Analyse, S. 47 ff.). Die Erkenntnisse dieser Analyse bilden die Grundlage für die anschließende Strategieentwicklung.

Die Teilnehmer im Strategieteam haben i. d. R. schon vor Beginn des Workshops mehr oder weniger klare Vorstellungen darüber, welchen Auftrag das Unternehmen erfüllt, wohin die »Reise« gehen soll und was in jedem Fall zu vermeiden sei. Es hat sich deshalb bewährt, bereits zu Beginn der Analyse die Mission und die Vision des Unternehmens in Stichworten zu skizzieren und die gemeinsamen Wertvorstellungen zu klären. Unterschiedliche Vorstellungen über Ziele und Werte sind zu diskutieren und auf einen gemeinsamen Nenner zu bringen. Gelingt es nicht, ein gemeinsames Selbstverständnis zu schaffen, kann es in der weiteren Arbeit immer wieder zu Grundsatzdiskussionen oder Konflikten führen. In beiden Fällen werden die Effizienz und die Qualität der Arbeit beeinträchtigt.

2 SWOT, engl., steht für Strengths (Stärken), Weaknesses (Schwächen), Opportunities (Chancen) und Threats (Gefahren).

## Mission formulieren

Eine Mission umschreibt, welche Rolle ein Unternehmen in der Gesellschaft gegenwärtig einnimmt und welche Aufgaben es erfüllt. Eine Mission beginnt meist mit den Worten »Wir sind …«. Sie definiert damit den *Ist-Zustand* und das Selbstverständnis des Unternehmens. Eine Mission festzulegen ist nicht trivial. So kann sich eine Bierbrauerei als »Produzent von qualitativ hochwertigem Spezialbier« verstehen. Genau so gut könnte die Bierbrauerei aber in der Mission auch festhalten, dass es die Kommunikation unter Menschen fördert, weil sich Menschen zu einem Bier treffen und miteinander kommunizieren. Und ein Automobilhersteller könnte sagen: »Wir sind ein Hersteller von sparsamen Autos« oder »Wir bringen Menschen von A nach B«. In der jeweils zweiten Aussage definieren die Bierbrauerei und der Automobilhersteller ihre Geschäftsfelder grundlegend anders als in der ersten. Im Falle des Automobilherstellers beschränkt sich die Mission in der zweiten Aussage nicht auf Autos, sondern auf die Mobilität von Menschen. In dieser Mission wäre es daher auch denkbar, dass das Unternehmen andere Verkehrsmittel anbietet als Autos.

Bei der Formulierung der Mission lohnt es sich deshalb, grundlegend über den Geschäftszweck nachzudenken und diesen nicht zu eng zu definieren.

**Beispiele** **Missionen von Unternehmen**

*Walt Disney, USA:* »Wir sind Produzent und Anbieter von Unterhaltung und Information.«

*Kuhn Rikon, Schweiz:* »Wir entwickeln, produzieren und vertreiben qualitativ hochwertiges Kochgeschirr und Zubehör, welches gesundes und effizientes Kochen ermöglicht.«

*Beckmann's Bäckerland, Bremen:* »Wir sind Produzent hervorragender Qualitäts-Frischbackwaren und einzigartiger Serviceleistungen.«

*Baer, Schweiz:* »Wir sind der größte Schweizer Weichkäsehersteller mit jahrzehntelanger Erfahrung.«

## Vision skizzieren

Das Thema Vision ist heutzutage in aller Munde. Es ist schon fast ein Muss für ein Unternehmen, eine Vision zu haben. Visionen sind jedoch häufig allgemein gehalten, vage formuliert und wenig aussagekräftig. Fälschlicherweise werden auch für Werbezwecke kreierte Aussagen wie »Freude am Fahren« (BMW) oder »Erleben, was verbindet« (Telekom) als Visionen dargestellt. Der Begriff bedarf deshalb der Klärung.

Unter einer Vision verstehen wir ein Bild der Zukunft, das beschreibt, was das Unternehmen langfristig erreichen möchte.

Die Vision definiert damit einen *angestrebten Soll-Zustand in der Zukunft*. Sie beginnt deshalb häufig mit den Worten »Wir wollen … werden.« Eine herausfordernde, sinnstiftende Vision bewegt Menschen und aktiviert sie dazu, sich für das »große Ganze« einzusetzen. Die Wirkungen und die Vorteile einer Vision sind nachfolgend zusammengefasst. Der folgende Antoine de Saint-Exupéry[3] zugeschriebene Satz beschreibt dies sehr treffend:

*»Wenn Du ein Schiff bauen willst, so trommle nicht Männer zusammen, um Holz zu beschaffen, Werkzeuge vorzubereiten, Aufgaben zu vergeben und die Arbeit einzuteilen, sondern lehre die Männer die Sehnsucht nach dem weiten, endlosen Meer.«*

Die Vision …

- gibt eine Vorstellung über die gewünschte Zukunft (»big picture«)
- erlaubt Menschen, auch gedanklich einen Beitrag zum großen Ganzen zu leisten
- definiert die gemeinsame Agenda, gibt Zusammenhalt, Orientierung und Sinn (»Wir-Gefühl«)
- richtet das Unternehmen auf die Zukunft aus
- inspiriert Menschen dazu, sich für ein gemeinsames Ziel einzubringen[4]

## Inhalt und Formulierung der Vision

Der Inhalt einer Vision hängt vom Unternehmen und seinen Zielen ab. Daher können dazu keine allgemeinen Aussagen gemacht werden. Für das Festlegen der Vision hat es sich jedoch bewährt, Suchfelder zu verwenden.

Suchfelder für Visionen:

- Kundennutzen
- Geschäftstätigkeit
- Produkte/Leistungen
- Marktstellung
- Preis
- Qualität
- Kunden
- geografischer Markt

Diese Suchfelder definieren Themen, zu denen in der Vision eine Aussage denkbar wäre. Dieser gedankliche Rahmen führt zu griffigeren und konkreteren Aussagen und verhindert damit, dass die Vision abstrakt formuliert wird und »abgehoben« wirkt. Er zwingt dazu, präzise und klare Aussagen zu machen.

Die folgenden Visionen stammen teilweise aus unseren Beratungsprojekten.

**Beispiele** **Unternehmensvisionen**

»Wir wollen der führende Anbieter von hochwertigen drahtlosen Kommunikationsdiensten für die Schweizer Bevölkerung werden.« (Orange, Schweiz)
Ausgewählte Suchfelder: Marktstellung, Leistungen, geografischer Markt bzw. Kunden

»Wir wollen das beste Stahl- und Handwerkerzentrum in Graubünden sein.«
(Weber AG, Stahl- und Handwerkerzentrum, Chur, Schweiz)
Ausgewählte Suchfelder: Qualität, Geschäftstätigkeit, Kunden, geografischer Markt

3 Quelle unklar.
4 Vgl. Bruch H./Vogel B. (2005).

»Wir wollen der österreichische Anbieter für anspruchsvolle Medien- und Marketing-Dienstleistungen werden.« (Reprozwölf, Medienunternehmung, Wien)
Ausgewählte Suchfelder: Qualität, Geschäftstätigkeit, geografischer Markt

»Maschentex ist führender Anbieter für trendsichere, hochwertige Jersey-Kollektionen und zuverlässiger Partner für die innovative Umsetzung textiler Anforderungen.« (Maschentext, Textilveredler, Dietenheim)
Ausgewählte Suchfelder: Geschäftstätigkeit, Qualität, Marktstellung

Dieser erste Wurf der Vision muss im weiteren Verlauf der Strategieerarbeitung noch kritisch hinterfragt, auf Machbarkeit geprüft und allenfalls angepasst werden.

## Wertvorstellungen klären

Werte geben Lebenssinn, Halt und Richtung. Menschen brauchen Werte, um sich zu orientieren. Sie beschreiben unser Menschenbild, wie wir miteinander umgehen, was uns wichtig ist und wie wir uns sozial gegenüber Gesellschaft, Umwelt usw. verhalten. Werte definieren die Unternehmenskultur und steuern das Verhalten der Mitarbeiter. Man tut also gut daran, über die in der Firma gültigen Werte nachzudenken und diese gemeinsam festzulegen. Gemeinsame Wertvorstellungen sind die Grundlage für ein wirksames Handeln im Alltag.

### Das Wertvorstellungsprofil

Ein bewährtes Instrument zur Klärung der Wertvorstellungen ist das Wertvorstellungsprofil in Abbildung 13. In einer Matrix werden in der ersten Spalte diejenigen Kriterien aufgelistet, die für das Unternehmen relevant sind und zu denen eine Aussage gemacht werden soll. In den weiteren Spalten werden diese bewertet. Überall da, wo es unterschiedliche Meinungen gibt, sind die Wertvorstellungen zu diskutieren. Unterschiedliche Wertvorstellungen im Strategieteam können ebenfalls zu Konflikten und Verzögerungen führen. Deshalb ist auch hier ein inhaltliches Commitment zu suchen.

**Exkurs**

**Woher kommen Werthaltungen?**

Wertvorstellungen werden vor allem durch das soziale Umfeld bestimmt. Elternhaus, Erziehung, Schule, Kultur, Religion usw. prägen unsere Einstellungen und Werte. In welchem Maße dabei genetische Einflüsse eine Rolle spielen, wird kontrovers diskutiert. *Werthaltungen steuern und bestimmen unser Verhalten und Handeln.* Widerspricht eine Handlung diesen Werten, lehnen wir sie innerlich ab oder verurteilen sie. Können sich Mitarbeiter nicht mit den Werten des Unternehmens identifizieren, werden sie es früher oder später verlassen oder innerlich kündigen und die Leistung reduzieren.

| | | 1 | 2 | 3 | 4 | |
|---|---|---|---|---|---|---|
| (Umsatz)-Wachstum | stabil | | | ● | | maximal |
| Qualität | gering | | | ● | | sehr wichtig |
| Gewinn | gering | | | | ● | sehr wichtig |
| Geografischer Markt | lokal | | | ● | | international |
| Leistungs-/Resultatorientierung | gering | | | | ● | hoch |
| Risikoneigung | gering | | | ● | | hoch |
| Innovationsneigung | gering | | | | ● | hoch |
| Berücksichtigung der Anliegen der Mitarbeiter | gering | | | ● | | groß |
| Führungsstil | autoritär | | | ● | | kooperativ |
| Bedeutung Ökologie und Nachhaltigkeit | gering | | | ● | | sehr wichtig |
| Berücksichtigung ethischer und gesellschaftlicher Ziele | gering | | | ● | | so weit wie möglich |

Abbildung 13: Wertvorstellungsprofil eines Herstellers von Kosmetika

## Umfeld analysieren

Unter Umfeld verstehen wir das wirtschaftliche, technologische, ökologische und gesellschaftliche Umfeld des Unternehmens (Abbildung 14). Es genügt nicht, sich nur mit Entwicklungen in der Branche zu befassen oder die Wirtschaftslage zu

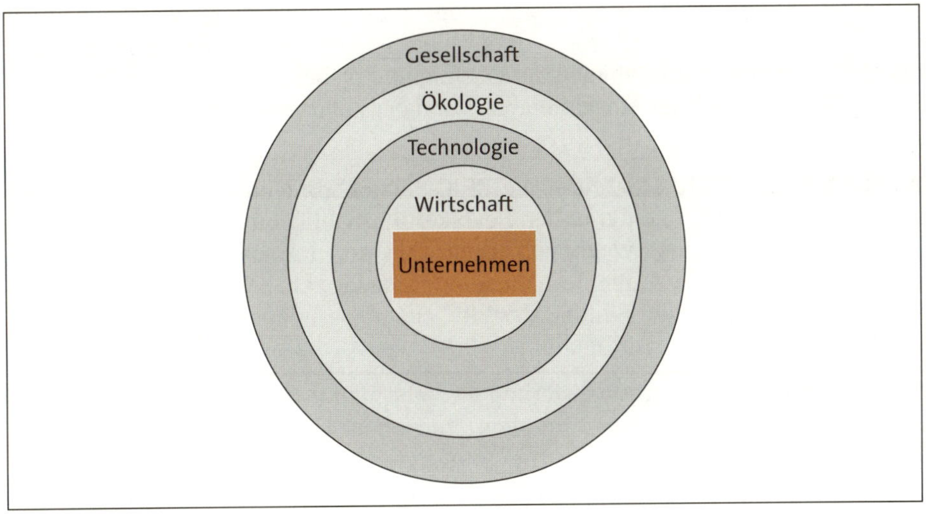


Abbildung 14: Das relevante Umfeld des Unternehmens (nach dem St. Galler Management-Modell)[5]

5 Rüegg-Stürm, J. (2002): »Das neue St. Galler Management-Modell«.

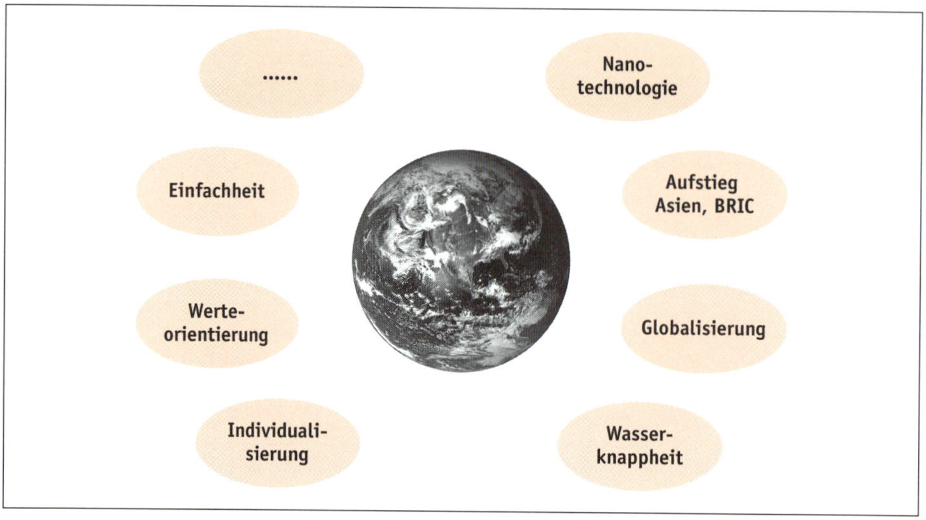


Abbildung 15: Beispiele globaler Trends[6]

analysieren. Auch Trends in der Technologie (z. B. Nanotechnologie, Internet), in der Ökologie (Klimawandel, neue Gesetze) und in der Gesellschaft (mehr ältere Menschen, Immigration) sind zu berücksichtigen. Das Umfeld des Unternehmens ist komplex, dynamisch und vernetzt. Die Betrachtung nur einzelner Aspekte greift zu kurz.

Zur Veranschaulichung sind dazu in Abbildung 15 wichtige globale Trends aufgelistet, die im Folgenden kurz erläutert werden. (Die Aufstellung gilt lediglich als Beispiel und erhebt keinen Anspruch auf Vollständigkeit.)

**Nanotechnologie** – Mit der Nanotechnologie wird heute populärwissenschaftlich die Forschung in der Cluster- und Oberflächenphysik, Oberflächenchemie, der Halbleiterphysik, in Gebieten der Chemie und bisher noch im begrenzten Rahmen in Teilbereichen des Maschinenbaus und der Lebensmitteltechnologie (Nano-Food) bezeichnet.

**Aufstieg Asien, BRIC-Staaten** – Die BRIC-Staaten (Brasilien, Russland, Indien, China) werden auf Grund der hohen Bevölkerungszahl (China und Indien machen alleine zusammen 35 % Weltbevölkerung aus) und infolge des enormen Wirtschaftswachstums zunehmend an Bedeutung gewinnen. Die große Wirtschaftskraft wird den politischen Einfluss der BRIC-Staaten erhöhen. Die jahrzehntelange Dominanz des Westens wird enden.

**Globalisierung** – Unter Globalisierung versteht man den Prozess der zunehmenden weltweiten Verflechtung in allen Bereichen (Wirtschaft, Politik, Kultur, Umwelt, Kommunikation etc.). Die Intensivierung der globalen Beziehungen geschieht auf der Ebene von Individuen, Gesellschaften, Institutionen und Staa-

6 Quellen: Wirtschaftswoche Nr. 7/2007, Naisbitt (1992), GDI Gottlied Duttweiler Institut Schweiz, eigene.

ten. Als wesentliche Ursachen der Globalisierung gelten der technische Fortschritt, insbesondere in den Kommunikations- und Transporttechniken, sowie die politischen Entscheidungen zur Liberalisierung des Welthandels.

**Wasserknappheit** – Durch die Klimaerwärmung werden nicht nur die Temperaturen ansteigen, es wird auch zu einer Häufung extremer Wetterereignisse (u. a. extreme Trockenheit) kommen, die zu Wasserknappheit in verschiedenen Regionen führen wird.

**Individualisierung** – Das Individuum bleibt die wichtigste Instanz, der Dreh- und Angelpunkt der Gesellschaft. Doch die Aufmerksamkeit hat sich verschoben: weg von individuellen Besonderheiten und Einzigartigkeit hin zum Netz von Beziehungen, die sich in einem Individuum verbinden.

**Werteorientierung** – Wenn wir irritiert sind, dann suchen wir Werte, die uns stabilisieren und Rückhalt geben. Traditionelle Werte wie Integrität, Verlässlichkeit, Qualität, soziale Verantwortung, Respekt und Ordnung gewinnen wieder an Bedeutung. Doch die ganze Wertephilosophie kann mehr als Symptom, denn als Lösungsansatz für praktische Probleme analysiert werden.

**Einfachheit** – Komplementär zur Komplexität steigt der Wunsch nach radikaler Einfachheit, Überschaubarkeit und Verständlichkeit. Daher brauchen die Menschen heute nicht noch mehr Optionen, sondern mehr Orientierung. Die Einstellung, die in die Zukunft weist, lautet »Weniger ist mehr« oder »Mehr ist anders«.

Das Strategieteam muss nun abklären, ob und wenn ja, welche Auswirkungen diese Trends auf die Branche und die Unternehmenstätigkeit haben oder haben werden.

## Trends und Entwicklungen analysieren und bewerten

In Abbildung 16 sind Fragen aufgelistet, mit denen die verschiedenen Umfeldsphären durchleuchtet werden können. Die Reihenfolge der Aufstellung folgt der Logik »von außen nach innen« des St. Galler Management-Modells. Die aufgeführten Fragen sind eine Auswahl und erheben keinen Anspruch auf Vollständigkeit. Ein besonderes Augenmerk ist aber weiterhin auf die Entwicklungen in der Wirtschaft und der Branche zu richten. Wichtig ist vor allem die Frage, ob der relevante Markt in Zukunft wachsen, stagnieren oder schrumpfen wird.

| Umfeldsphäre | Wichtige Fragen |
|---|---|
| **Gesellschaft** | ▪ Wie entwickelt sich die Bevölkerung? (Wachstum, Altersstruktur, Anteil Ausländer usw.)<br>▪ Wie verändert sich das Konsum- und Sparverhalten?<br>▪ Welche Trends gibt es im Freizeitverhalten?<br>▪ Wie entwickeln sich Werthaltungen und Einstellungen?<br>▪ Mit welchen politischen Rahmenbedingungen ist zu rechnen? (Gesetze, Auflagen, Regelungen usw.)<br>▪ Gibt es einen freien Zugang zu den Märkten oder ist mit protektionistischen Maßnahmen zu rechnen?<br>▪ ............<br>→ Was ist für uns relevant? |
| **Ökologie** | ▪ Wie ist die Verfügbarkeit von Energie und Rohstoffen?<br>▪ Wie entwickeln sich die Energiepreise?<br>▪ Gibt es Veränderung im Umweltbewusstsein und in der Umweltgesetzgebung?<br>▪ Welche Bedeutung kommt dem Recycling zu?<br>▪ ............<br>→ Was ist für uns relevant? |
| **Technologie** | ▪ Was gibt es für Innovationen und Entwicklungen?<br>▪ Gibt es neue Technologien oder steht ein Technologiewandel bevor?<br>▪ Wie beeinflussen diese Technologien unsere Branche?<br>▪ Mit welchen Veränderungen ist zu rechnen?<br>▪ ............<br>→ Was ist für uns relevant? |
| **Wirtschaft** | ▪ Wie entwickeln sich Einkommen und Kaufkraft in den Absatzmärkten?<br>▪ Wie sind die Konjunkturaussichten bezüglich Wachstum, Inflation, Beschäftigung?<br>▪ Wie entwickeln sich die Kapitalmärkte (Zinsen) und Wechselkurse?<br>▪ Mit welchen Entwicklungen ist im internationalen Handel zu rechnen?<br>▪ ............<br>→ Was ist für uns relevant? |
| **Branche** | ▪ Wie entwickelt sich die Branche? (Wachstum, Sättigung oder Rückgang)<br>▪ Welche (neuen) Bedürfnisse haben die Kunden?<br>▪ Wie entwickelt sich das Informations- und Kaufverhalten der Kunden?<br>▪ Mit welchen Entwicklungen muss in den Beschaffungsmärkten gerechnet werden? (Rohstoffe, Personal, Finanzen, usw.)<br>▪ Gibt es Veränderungen in der Wertschöpfungskette? (Make or buy, Outsourcing)<br>▪ ............<br>→ Was ist für uns relevant? |

Abbildung 16: Relevante Fragen zur Analyse des Umfeldes und der Branche

## Vorgehen beim Einschätzen von Trends

Damit man sich beim Einschätzen von Trends bei der Fülle von Informationen nicht verliert, bewährt sich folgendes Vorgehen:

*1. Öffnen und Überblick verschaffen*
Die Teilnehmer verschaffen sich anhand wichtiger globaler Trends (vergleiche Abbildung 15) und der Fragen in Abbildung 16 einen ersten Überblick.

*2. Sammeln*
In einem Brainstorming trägt das Strategieteam anschließend aktuelle Entwicklungen in prägnanten Stichworten zusammen. Die einzelnen Stichworte sind zusätzlich in kurzen und aussagekräftigen Sätzen zu umschreiben. Die Stichworte werden weiter zu Clustern verdichtet und nach Themen gruppiert.

*3. Auswahl und Bewertung*
Diese Trend-Cluster werden abschließend bewertet, die fünf wichtigsten ausgewählt und in kurzen Sätzen beschrieben. Schließlich wird noch eingeschätzt, wann diese Trends zeitlich wirksam werden (Abbildung 17).

| Trend/Beschreibung | Zeit |
|---|---|
| **Nachhaltigkeit**<br>Klimawandel, Ressourcenknappheit und die Sensibilisierung der Konsumenten steigern die Nachfrage nach naturnahen und Bio-Produkten.<br>Ökologisches Verhalten bzw. die Schonung von Natur und Ressourcen wird im Wettbewerb immer wichtiger. | 1 |
| **Globale Märkte**<br>Durch die Globalisierung erschließen sich neue Absatz- und Beschaffungsmärkte (z. B. BRIC). Die traditionellen Absatzkanäle verändern sich und es entstehen neue Vertriebskanäle.<br>Es drängen neue Anbieter auf die Märkte. Internationale Standards führen zur Konzentration bei den Anbietern und zur Angleichung bzw. Austauschbarkeit der Produkte. | 2 |
| **Preisdruck**<br>Verstärkte Konkurrenz, Überkapazitäten und zunehmende Preissensibilität bei Abnehmern und Kunden steigern den Druck auf den Preis. | 1 |
| **Individualisierung**<br>Neue, wachsende Zielgruppen wie Senioren/innen, LOHAS (Lifestyle of health and sustainability), Tierbesitzer und Kinder haben differenzierte und neue Bedürfnisse. Convenience, Design, (emotionale) Zusatznutzen (Multisensualität) werden wichtiger.<br>Produkte werden zunehmend Ausdruck von Lifestyle (Gesundheit, Fitness, Wellness, Selfness).<br>Individualität und Authentizität der Konsumenten erfordern eine kundenspezifische Ansprache. | 1 |
| **Regulierungen**<br>Die Regulierung der Märkte nimmt durch eine Flut neuer Gesetze, steigende Ansprüche von Interessengruppen, Protektionismus und eine Inflation von Labeln stark zu. | 2 |

1 = bereits wirksam, 2 = in den nächsten 3 Jahren wirksam, 3 = in den nächsten 5 Jahren wirksam

Abbildung 17: Beispiel Trendanalyse eines Produktionsbetriebs für Kosmetik

**Exkurs**

**Fehleinschätzungen von Trends**

Das Erkennen von Trends und Entwicklungen macht in der Regel kaum Probleme. Dazu steht heute in den Printmedien und im Internet ausreichend Material zur Verfügung. Die Schwierigkeit liegt vielmehr darin, die Trends richtig einzuschätzen. Die zwei folgenden Beispiele verdeutlichen, wie gefährlich eine falsche Beurteilung von Trends sein kann:
Die traditionsreiche deutsche Kameraherstellerin Leica hat die Entwicklung zur digitalen Fotografie lange Zeit verschlafen. Zu lange hat Leica auf die traditionelle Kleinbildfotografie und Kameras mit manuellem Fokus gesetzt. Erst als die Umsätze markant einbrachen, hat das Unternehmen erkannt, dass die digitale Fotografie den traditionellen Film auch in ihrem angestammten Kundensegment weitgehend verdrängt hat. Diese Fehleinschätzung hat das Unternehmen an den Rand des Ruins gebracht.
Ein weiteres Beispiel für die krasse Fehleinschätzung von Trends ist die amerikanische Autoindustrie. Die Entwicklung treibstoffarmer Autos mit geringem Schadstoffausstoß wurde jahrelang sträflich vernachlässigt, obwohl sich schon seit Langem abzeichnete, dass die Entwicklung in diese Richtung gehen würde. Kleine und sparsame Autos stammten dagegen überwiegend aus japanischer Produktion. Die steigenden Ölpreise und die Finanzkrise haben die Nachfrage nach kleinen, sparsamen Autos sprunghaft ansteigen lassen. Gleichzeitig brach der Absatz Benzin fressender, großer Autos massiv ein. Dies war im Jahr 2009 der Auslöser für die größte Krise, die die amerikanische Autoindustrie je erlebt hat.

## Konkurrenzanalyse

In der Konkurrenzanalyse wird die Wettbewerbssituation untersucht. Da diese Analyse Recherchen voraussetzt, werden die wichtigsten Konkurrenten von einer Arbeitsgruppe bereits vor der Durchführung des Workshops analysiert. Die Ergebnisse werden dann präsentiert und vom Strategieteam diskutiert.

Dabei interessieren die folgenden Fragen:

- Wer sind unsere Konkurrenten?
- Was ist ihr Leistungsangebot?
- Wie sind sie positioniert?
- Welche Strategie verfolgen sie?
- Was sind deren Stärken und Fähigkeiten?
- Wo sind sie uns überlegen?
- Gibt es Bedrohungen durch Substitute bzw. Ersatzprodukte?
- Ist mit dem Markteintritt von neuen Konkurrenten zu rechnen?

Als schwierig erweist es sich dabei, an die entsprechenden, meist vertraulichen Daten zu kommen, die öffentlich kaum verfügbar sind. So muss man sich pragmatisch auf die Informationen stützen, die greifbar sind. Wir haben dabei die Erfahrung gemacht, dass trotzdem viele Informationen zusammenkommen. Als besonders ergiebig erweisen sich folgende Quellen:

- Internet
- Geschäftsberichte
- Werbeunterlagen der Konkurrenten

- Handelsregister-Auszüge
- Pressemitteilungen
- Wirtschaftsdatenbanken

Aber auch die Mitarbeiter im Unternehmen wissen oft viel über die Konkurrenten. Man braucht nur mit dem Außendienst oder Verkäufern an der Front zu reden. Deren Kenntnisse beruhen dabei oft auch auf Aussagen von Kunden, deren Meinung besonders aufschlussreich ist.

Nach Vorliegen der Daten werden diese in einer Matrix zusammengefasst. Um die Übersicht zu wahren, sollten nur die wichtigsten Konkurrenten, insbesondere der »Klassenbeste« als Benchmark aufgeführt werden. In Abbildung 18 ist ein Beispiel einer Konkurrenzanalyse aufgeführt.

| Konkurrent | A (Benchmark) | B | C |
|---|---|---|---|
| Leistungsangebot | umfassendes und aktuelles Sortiment | breites Sortiment | schmales Sortiment |
| Stärken, besondere Fähigkeiten | Lage | freundliche Bedienung | fokussiertes Angebot |
| Schwächen | Sortiment abends lückenhaft | keine Parkplätze | anonym |
| Preisniveau (niedrig, mittel, hoch) | hoch | hoch | sehr hoch |
| Marktstellung (stark, mittel, schwach)<br>Geschätzter Marktanteil in % | stark<br>20 % | mittel – stark<br>15 % | stark<br>25 % |
| Geschätzter Umsatz | 5 Mio. € | 3.75 Mio. € | 6 Mio. € |

Abbildung 18: Beispiel Konkurrenzanalyse einer Bäckerei

## Wettbewerbskräfte nach Porter

Die Konkurrenzanalyse bezieht sich auf die unmittelbaren Konkurrenten. Eine Analyse im weiteren Sinn ermöglicht das Modell der Wettbewerbskräfte, das von Michael Porter entwickelt wurde (vgl. Abbildung 19). Darin werden die Wettbewerbsintensität innerhalb der Branche und die Verhandlungsstärke der *vorgelagerten Lieferanten* und *nachgelagerten Abnehmer* analysiert.

Ein starker Lieferant mit monopolähnlicher Stellung kann i. d. R. höhere Verkaufspreise realisieren. Und ein Großabnehmer kann aufgrund seiner Verhandlungsstärke einen tieferen Abgabepreis erzwingen. Starke Lieferanten und Großabnehmer drücken daher auf die Marge und beeinflussen die Wettbewerbsfähigkeit. Des Weiteren ist anzufügen, dass Großabnehmer meist ein erhebliches Klumpen-

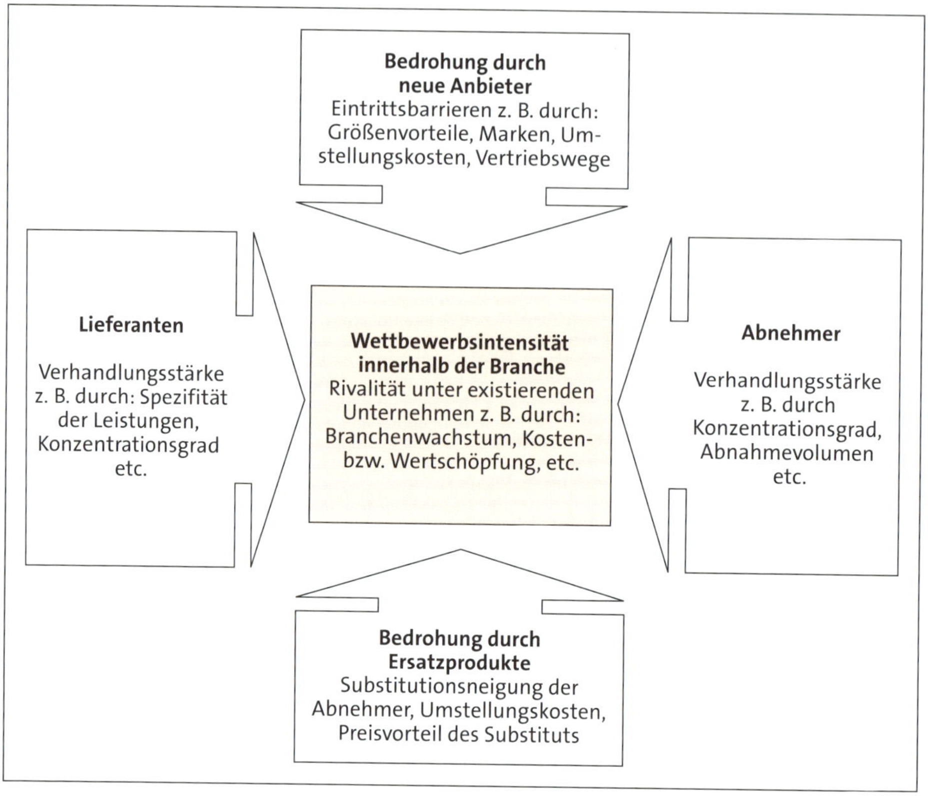


Abbildung 19: Das Modell der Wettbewerbskräfte nach Porter[7]

risiko darstellen: Brechen deren Erträge weg, ist dies für ein Unternehmen oft existenzbedrohend.

Ein Beispiel aus der Automobilindustrie (Abbildung 20) soll das Modell veranschaulichen: Mächtige Lieferanten wie Bosch haben wegen ihrer einzigartigen Produkte bei Preisverhandlungen eine sehr starke Position. Und auf der Abnehmerseite hat ein Großkunde, der 400 Fahrzeuge pro Jahr bestellt, bei der Preisfestlegung ein gewichtiges Wort mitzureden. Starke Verhandlungspositionen von Lieferanten und Abnehmern haben infolge des Preisdrucks einen negativen Einfluss auf die Rentabilität des Unternehmens.

In Porters Modell werden auch Bedrohungen durch Substitute bzw. Ersatzprodukte berücksichtigt. Luxusgüter wie Uhren oder Reisen stellen beispielsweise indirekt eine Alternative zum Autokauf und damit ebenfalls eine Konkurrenz dar. Anstelle eines neuen Wagens kann sich der Konsument auch eine teure Uhr kaufen oder eine Weltreise buchen. Eine weitere Bedrohung für den Automobilhersteller sind neue Anbieter aus dem asiatischen und osteuropäischen Raum, die in angestammte Märkte eindringen.

7 Quelle: Porter, M.(1999).

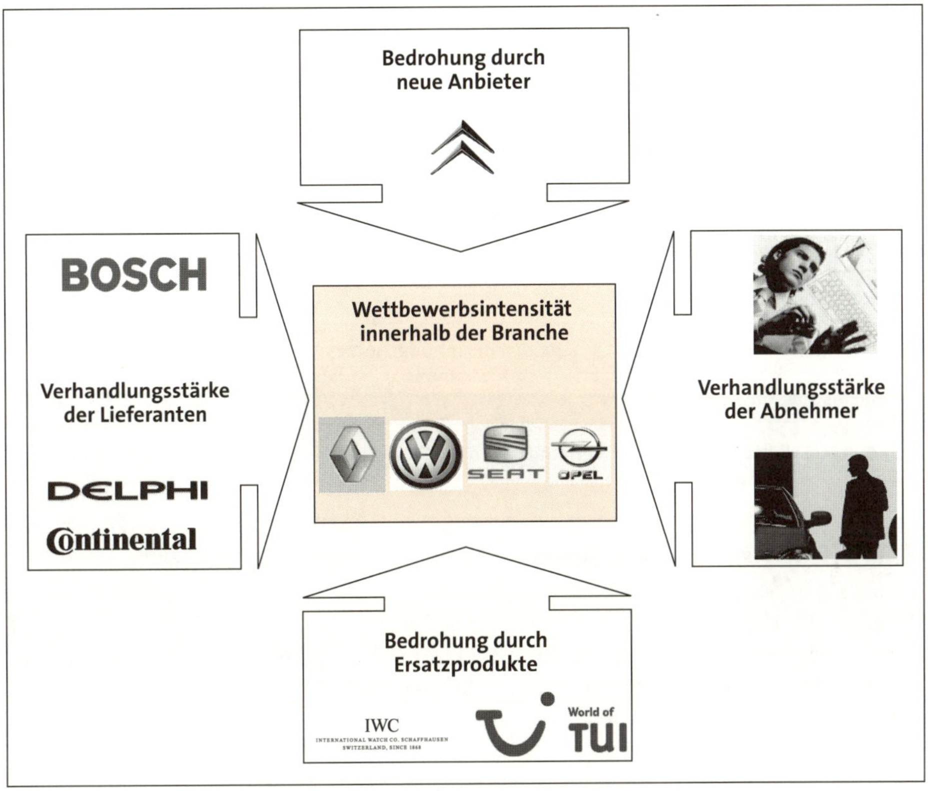


Abbildung 20: Beispiel Wettbewerbskräfte bei einem Autohersteller

## Gegenwärtige Erfolgsfaktoren im Markt

Im letzten Schritt der Umfeld-Analyse untersuchen wir, welches die gegenwärtigen Erfolgsfaktoren im Markt sind. Darunter verstehen wir die Fähigkeiten und Leistungsmerkmale, die *jetzt* erfolgsrelevant sind. Es handelt sich hierbei um eine *Gegenwartsbetrachtung*. Ob diese Faktoren auch in der Zukunft relevant sind, werden wir später prüfen. Die Teilnehmer des Strategieteams werden hier i.d.R. zu unterschiedlichen Einschätzungen kommen. Gerade kontroverse Diskussionen sind jedoch erwünscht, da sie zu einer gründlichen Auseinandersetzung zwingen und ein vertieftes Marktverständnis fördern. Die Ergebnisse werden in einer Tabelle zusammengefasst (Abbildung 21). In einem zweiten Schritt wird bewertet, wie weit das Unternehmen diese Erfolgsfaktoren erfüllt bzw. nicht erfüllt.

| | Erfüllt | Teil-weise erfüllt | Nicht erfüllt |
|---|---|---|---|
| schnelle Reaktionszeit bei Kundenanfragen, rasche Lieferung | ● | | |
| Innovationsfähigkeit: Ständig neue und attraktive Produkte inklusive Beratung und Service anbieten | | ● | |
| Mix Leistung – Qualität – Preis | | ● | |
| langjährige Kundenbeziehungen, Pflege des Beziehungsnetzes | | ● | |
| Image als zuverlässiger Partner | | | ● |

Abbildung 21: Beispiel Erfolgsfaktoren und deren Erfüllungsgrad eines Handelsunternehmens

## Unternehmen analysieren

Die Ziele der Unternehmensanalyse bestehen darin, die aktuelle Geschäftstätigkeit und die eigene Wettbewerbsstärke zu klären. Wir halten uns auch bei diesem Arbeitsschritt an das bewährte Motto »So viel wie nötig, so wenig wie möglich« und beschränken uns auf die im Folgenden beschriebenen Analysen.

### Kernkompetenzen und Geschäftsfelder

Welches sind unsere Kernkompetenzen? In welchen Märkten sind wir tätig? Welche Leistungen bieten wir an? Welches sind unsere Kunden? Nicht bei allen Unternehmen lassen sich diese Fragen pauschal beantworten. Sind im Unternehmen strategische Geschäftsfelder (SGF) definiert, werden diese separat analysiert.

Abbildung 22 zeigt die Kernkompetenzen und die strategischen Geschäftsfelder bzw. Produkt-/Markt-Kombinationen einer Großbäckerei.

Die Kernkompetenzen bilden gleichsam das Dach und gelten für alle Geschäftsfelder. Es wäre aus strategischer Sicht falsch, wenn ein Unternehmen für verschiedene Geschäftsfelder unterschiedliche Kernkompetenzen aufbauen würde. Da der Aufbau und die Pflege von Kernkompetenzen erhebliche Ressourcen benötigt, bestünde damit die Gefahr, dass das Unternehmen seine Kräfte verzettelt und sich überfordert (vgl. dazu auch S. 83 ff.).

**Exkurs**

**Strategische Geschäftsfelder SGF**

Unter SGF versteht man teilautonome Einheiten eines Unternehmens, die unabhängig von andern Einheiten, quasi als Unternehmen im Unternehmen, operieren und Kunden sowie Märkte weitgehend eigenständig bearbeiten. Unterschiedliche Produkt-, Markt- und Kundenkombinationen können so gezielt bearbeitet werden.

**Unsere Kernkompetenzen**
Wir haben die Fähigkeit,
- attraktive Standorte zu besetzen,
- flexiblen Lieferservice zu vertretbaren Preisen zu bieten,
- hochwertige Produkte in angenehmem Ambiente anzubieten.

| **SGF 1:** Ladengeschäft, 40 % | **SGF 2:** Liefergeschäft, 40 % | **SGF 3:** Café/Tea-Room, 20 % |
|---|---|---|
| **Kunden/Branchen** | | |
| Back-, Konditorei- und Confiserie-Produkte | gleiches Sortiment wie SGF 1, Backwaren-lastig, teils gefrorene Teiglinge | gleiches Sortiment wie SGF 1 |
| **Geografische Märkte** | | |
| lokal an acht Standorten | regionaler Markt, Großraum Dielsdorf | Lokal, wie SGF 1 |

Abbildung 22: Kernkompetenzen und strategische Geschäftsfelder am Beispiel der Bäckerei Fleischli, Dielsdorf, Schweiz (www.baeckerei-fleischli.ch)

## Positionierung und Ist-Differenzierung

In diesem Analyseschritt wird untersucht, wie das Unternehmen im Markt positioniert ist, und was es von der Konkurrenz unterscheidet. Ein Unternehmen kann als Qualitätsanbieter, als Spezialist für bestimmte Problemlösungen, als Marktführer in der Region usw. positioniert sein. Eine Differenzierung kann durch die Bekanntheit der Marke, die Fachkompetenz der Mitarbeiter, individuelle Problemlösungen, die überragenden Eigenschaften der Produkte, schnelle Lieferung usw. erfolgen. Diese Positionierungs- und Differenzierungsmerkmale sind herauszufiltern. Bei Unternehmen mit unterschiedlichen Geschäftseinheiten empfiehlt es sich wieder, jede Geschäftseinheit einzeln zu betrachten. Externe oder Kunden kämen unter Umständen zu anderen Einschätzungen als das Strategieteam. Die Gefahr einer solchen Fehleinschätzung lässt sich aber nie ganz ausschließen. Wenn die Mitglieder des Strategieteams jedoch – wie in kleinen und mittleren Unternehmen üblich – nahe am Markt sind und einen guten Draht zum Kunden haben, ist diese Gefahr gering. Das Beispiel in Abbildung 23 zeigt die Analyse unserer Großbäckerei.

| **Unsere Positionierung im Markt:** | | |
|---|---|---|
| Führender Hersteller von Backwaren | | |
| **SGE 1: Ladengeschäft** | **SGE 2: Liefergeschäft** | **SGE 3: Café/Tea-Room** |
| Wir differenzieren uns heute von der Konkurrenz durch … | | |
| ▪ Top-Lagen<br>▪ Vollständiges Sortiment<br>▪ Frische Produkte<br>▪ Persönliche Bedienung | ▪ Attraktives Sortiment<br>▪ Lieferflexibilität | ▪ Top-Lage<br>▪ Attraktives Sortiment<br>▪ Persönliche Bedienung |
| **Typische Merkmale unser Kunden sind …** | | |
| ▪ oberes Kaufkraft-Segment<br>▪ Kundenstruktur: 60 % Männer, 40 % Frauen | ▪ hochpreisige Restaurants<br>▪ Hotels | ▪ wie Ladengeschäft |
| **Kunden kaufen bei uns, weil/wegen …** | | |
| ▪ gute Lage<br>▪ attraktive Snacks<br>▪ Produkt-Qualität | ▪ Lieferflexibilität<br>▪ preiswert | ▪ wie Ladengeschäft |
| **Kunden kaufen nicht bei uns, weil …** | | |
| ▪ Großeinkauf an anderem Ort | ▪ anderer, günstigerer Anbieter | ▪ andere Lage ist persönlich günstiger<br>▪ Ambiente |
| **Wie ist unsere Kostenstruktur gegenüber dem Hauptkonkurrenten? Wo haben wir Vor- und Nachteile?** | | |
| ▪ keine Vor- und Nachteile | ▪ Kostennachteile wegen geringerer Marge | ▪ keine Vor- und Nachteile |

Abbildung 23: Ist-Differenzierung Bäckerei Fleischli, Dielsdorf, Schweiz (vgl. Kernkompetenzen und SGF in Abbildung 22)

## Produkt-Lebenszyklus und Portfolio

Produkte und Leistungen sind einem Lebenszyklus unterworfen. Dieser kann in sechs verschiedene Phasen (Entwicklung, Einführung, Wachstum, Reife, Sättigung und Rückgang) eingeteilt werden. Als Beispiel dazu sind auf der Kurve in Abbildung 24 vier Produkte aufgeführt, die in verschiedenen Phasen im Lebenszyklus stehen. In der Wachstumsphase befindet sich etwa das Elektrobike, das seinen Siegeszug im Markt mit zweistelligen Wachstumsraten derzeit eindrücklich belegt. Der iPod von Apple hat das ganz große Wachstum bereits hinter sich und befindet sich mittlerweile in der Reifephase. Einen markanten Rückgang infolge des digitalen Umbruchs musste, wie bereits erwähnt, der traditionelle Fotofilm in den vergangenen Jahren hinnehmen und er wird wohl in Zukunft noch weiter an

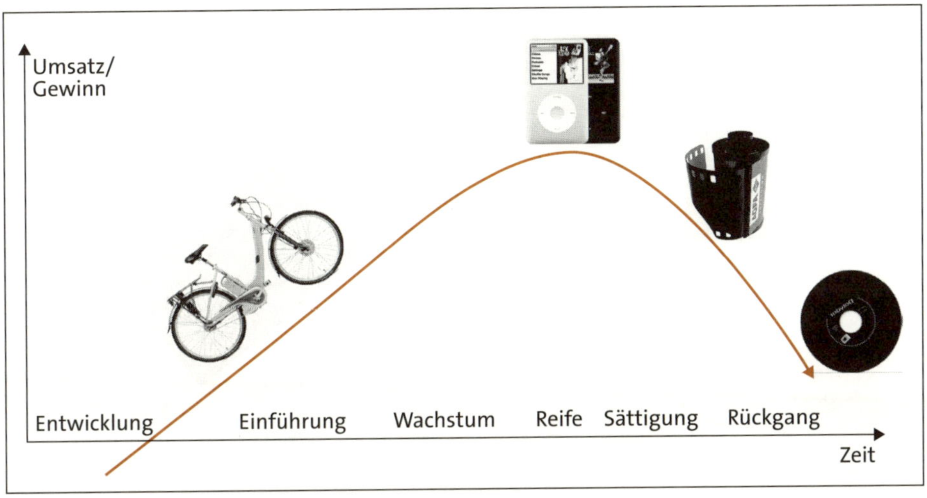


Abbildung 24: Lebenszykluskurve[8]

Bedeutung verlieren. Praktisch völlig vom Markt verschwunden ist die Schallplatte, die von der Compact Disc und anderen digitalen Tonträgern verdrängt wurde. Es gibt jedoch Kundensegmente, die weiter an alten Technologien festhalten und solchen mitunter gar zu einer Renaissance verhelfen. Puristen schwören weiter auf Vinylplatten und Plattenspieler, und berühmte Fotografen halten dem guten alten Film weiterhin die Treue. Das kann aber nicht darüber hinweg täuschen, dass diese Technologien im Massenmarkt definitiv durch neue abgelöst wurden und nur noch als Nischenprodukte eine Daseinsberechtigung haben.

Es ist einleuchtend, dass Produkte in den unterschiedlichen Phasen ihres Lebenszyklus auch unterschiedliche Umsätze und Gewinne generieren. In der Entwicklungsphase eines neuen Produkts entstehen zuerst einmal Kosten, denen kein Umsatz gegenübersteht. Aus diesem Grunde generieren sie in der Entstehungsphase einen Verlust. Setzt sich ein Produkt im Markt durch, steigen in der Wachstumsphase die verkauften Stückzahlen und damit Umsatz und Gewinn. Hat das Produkt seinen Zenit überschritten, gehen Umsatz und Gewinn wieder zurück. Die Zusammenhänge sind in Abbildung 25 dargestellt.

Es ist jedoch nicht zwingend, dass Produkte, die in der Rückgangsphase sind, auch vom Markt verschwinden werden. Durch entsprechende Modifikationen kann ein bestehendes Produkt in Design, Geschmack und in der Werbung angepasst und modernisiert werden, sodass es wieder den aktuellen Kundenbedürfnissen entspricht. Durch einen Relaunch[9] kann der rückläufige Absatz eines Produkts im Reifestadium stabilisiert werden. Oftmals wird ein Produkt jedoch bereits frühzeitig einem Relaunch unterzogen, um einem voraussehbaren Rückgang vorzubeugen. Seit Jahrzehnten bekannte Produkte wie Nivea, Nescafé oder Ovomaltine wurden in ihrer Geschichte bereits mehrere Male einem Relaunch

8 Müller-Stewens, G./Lechner, Ch. (2005).
9 Relaunch: Engl. = Neustart, zusammengesetzt aus dem Präfix re = wieder bzw. neu und dem Nomen launch = Start.

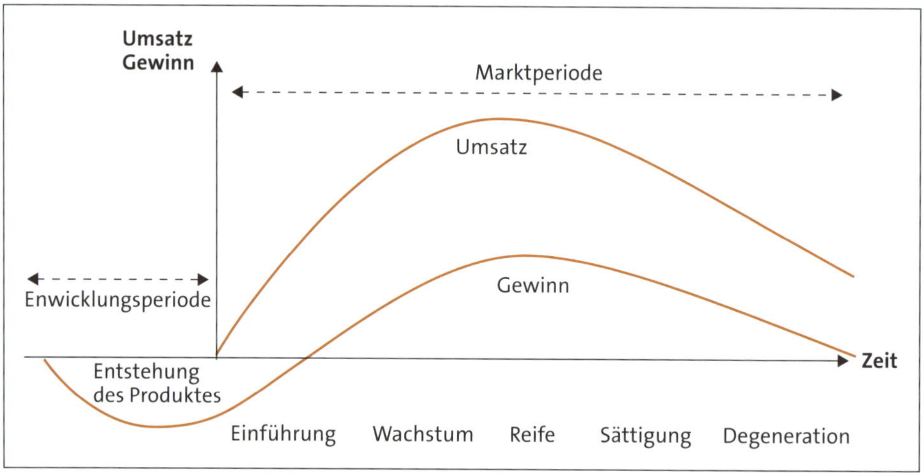


Abbildung 25: Umsatz und Gewinn im Produkt-Lebenszyklus

unterzogen, und sie werden wohl auch in der Zukunft wieder neuen Erfordernissen angepasst werden.

Für das Festlegen der Strategie ist daher von Bedeutung, in welcher Phase der Entwicklung sich die vom Unternehmen angebotenen Produkte befinden. Ein geeignetes Instrument dazu ist die von der Boston Consulting Group[10] entwickelte Portfolio-Analyse (Abbildung 26).

Abbildung 26: Portfolio-Matrix

10 Die Boston Consulting Group (BCG) ist eine weltweit führende Unternehmensberatung.

Die Portfolio-Matrix ist in vier Felder eingeteilt:

1. Die *Fragezeichen* oder Question-marks sind Nachwuchsprodukte. Sie befinden sich in der Einführungsphase. Sie heißen Fragezeichen, weil noch nicht gewiss ist, ob sich die in sie getätigten Investitionen lohnen und sich die Produkte im Markt auch durchsetzen werden. Falls dies nicht der Fall ist, wird man sie bald wieder vom Markt nehmen.
2. Gelingt aber der Durchbruch, entwickeln sich die Fragzeichen zu *Stars*, den brillanten Sternen des Unternehmens. Sie verzeichnen ein hohes Marktwachstum und haben bereits einen hohen Marktanteil erreicht. In diese Produkte wird deshalb weiter investiert.
3. Im dritten Feld befinden sich die *Melkkühe* oder Cash-Cows. Sie sind gekennzeichnet durch einen hohen Marktanteil, aber nur geringes Marktwachstum. Im Produktlebenszyklus befinden sie sich in der Reifephase. Melkkühe sind die eigentlichen Cashflow-Generatoren. Ihre Position sollte ohne weitere Investitionen gehalten und deren Erträge abgeschöpft werden.
4. Die *armen Hunde* oder Poor Dogs sind am Ende ihres Produktlebenszyklus und befinden sich in der Rückgangsphase. Sie weisen, wenn überhaupt, nur noch ein geringes Marktwachstum auf und haben einen geringen Marktanteil. Entweder erfolgt hier ein Relaunch, oder die Produkte werden über kurz oder lang eliminiert und aus dem Sortiment gestrichen. Die Zusammenhänge zwischen dem Produkt-Lebenszyklus und der Portfolio-Matrix sind in Abbildung 27 dargestellt.

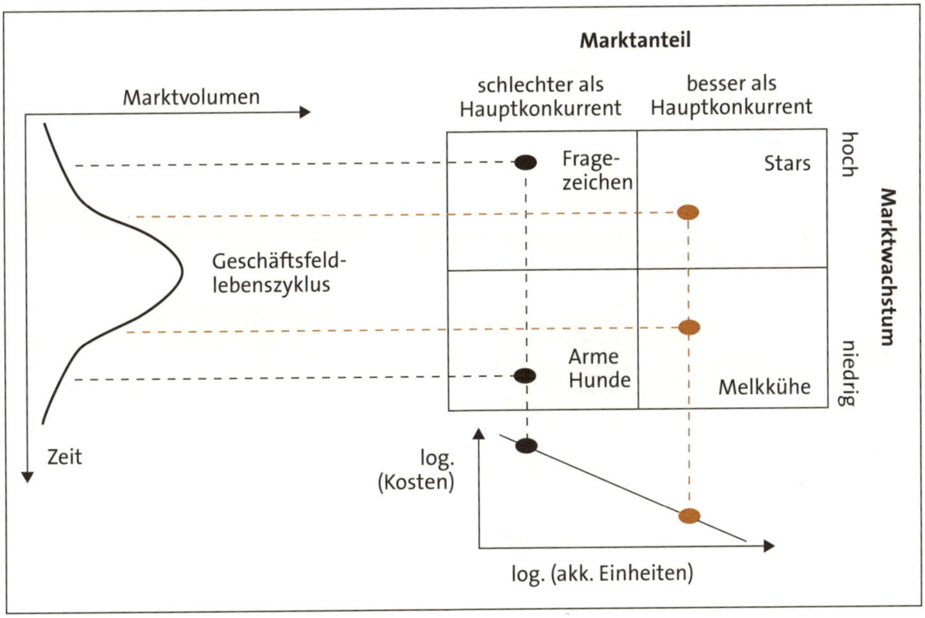


Abbildung 27: Zusammenhang zwischen Produkt-Lebenszyklus – Portfolio-Matrix[11]

11 Quelle: Müller-Stewens, G./Lechner, Ch. (2005).

## Portfolio-Analyse

Abbildung 27 zeigt, dass die Entwicklung eines Produkts von den Fragezeichen über die Stars und Melkkühe zu den armen Hunden verläuft. Hier ist anzumerken, dass viele Fragezeichen-Produkte den Durchbruch nicht schaffen und nie zu Stars werden. Solche floppenden Produkte werden vom Unternehmen i. d. R. rasch wieder aus dem Markt genommen. Zur Minimierung des Risikos und zur Sicherung des Geschäfts in der Zukunft sollte ein Unternehmen deshalb sicherstellen, dass es in mehreren Feldern des Portfolios Produkte platziert hat. Besteht das Portfolio des Unternehmens aus lauter Cash-Cows, ermöglicht dies zwar, in der Gegenwart schöne Gewinne einzufahren und eine hohe Liquidität sicher zu stellen. Für die Zukunft des Unternehmens sieht es aber düster aus, da keine neuen Produkte in der Pipeline sind. Anders verhält es sich, wenn ein Unternehmen vor allem Fragezeichen-Produkte im Portfolio hat. Diese beanspruchen finanzielle Mittel, ohne Cash zu generieren. Das Unternehmen muss in diesem Fall über genügend finanzielle Mittel verfügen. Zusätzlich besteht für das Unternehmen wie oben erwähnt das Risiko, dass die neuen Produkte am Markt durchfallen und die getätigten Investitionen nicht mehr zurückfließen.

Das Portfolio des Unternehmens ist idealerweise so, dass die Cashflows der Melkkühe die Investitionen in die Fragezeichen-Produkte finanzieren. Mit andern Worten: *Die Cash-Generatoren von heute finanzieren die neuen Produkte und damit die Cash-Generatoren von morgen.* Dies ist ein stetig wiederkehrender Prozess, der von der Unternehmensführung in der strategischen Führung zu gestalten und zu managen ist. Abbildung 28 zeigt die Portfolio-Analyse eines Lebensmittelproduzenten. Das Portfolio verdeutlicht, dass die Standardsorten nur noch geringes Wachstum aufweisen, die Cash-Cows des Unternehmens sind Bio- und Convenience-Produkte. Ein hohes Wachstum verzeichnen ebenfalls die Fragezeichen »Spezialitäten« und »Premium-Produkte«. Ob sich diese gegenüber denen der Konkurrenz im Markt durchsetzen werden, ist noch offen.

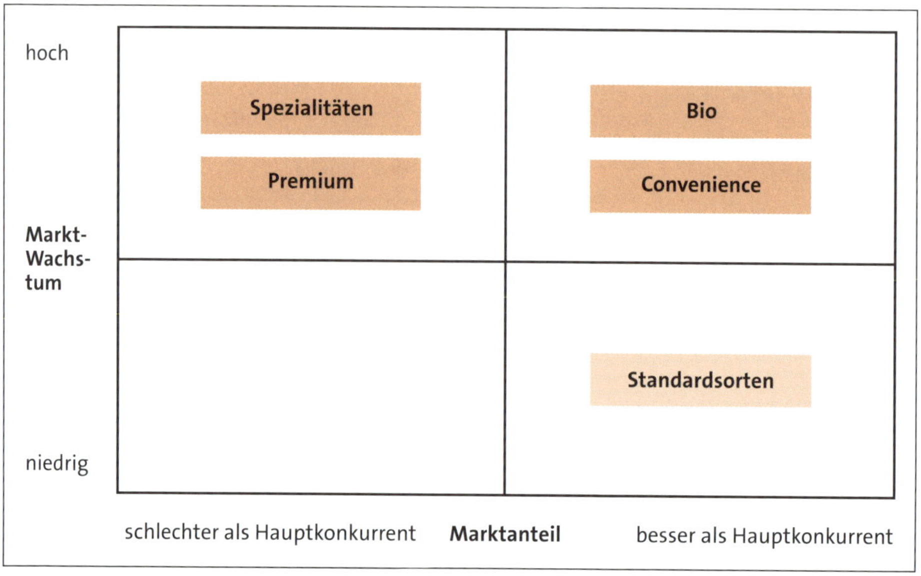


Abbildung 28: Beispiel Portfolio-Analyse eines Lebensmittelproduzenten (anonymisiert)

Da in kleinen und mittleren Unternehmen meist keine Angaben zum Marktwachstum und zum Marktanteil vorliegen, gibt es beim Erstellen der Portfolio-Analyse immer wieder Probleme. Eine pragmatische Beurteilung aufgrund der eigenen Markteinschätzung ist hier meist hilfreich. Trotz der Ungenauigkeit kann die Einschätzung des Marktes aus dem Bauch heraus wichtige Hinweise geben.

## Nutzenpotenzial-Profil

Erfolgreiche Strategien erschließen attraktive Nutzenpotenziale.

Nutzenpotenziale sind vorteilhafte Konstellationen im Umfeld, im Markt oder im Unternehmen, die offen oder latent vorhanden sind, aber bisher nicht erschlossen wurden.

Nutzenpotenziale sind also Möglichkeiten, die das Unternehmen nutzen könnte. Abbildung 29 zeigt eine Übersicht von Nutzenpotenzialen im Unternehmen und im Umfeld bzw. Markt.

| Nutzenpotenziale im Unternehmen | Nutzenpotenziale in Umfeld und Markt |
|---|---|
| **Kostensenkungspotenzial**<br>Ausschöpfen von Kosteneinsparungs-Möglichkeiten<br><br>**Organisationspotenzial**<br>Verbessern der Strukturen und Prozesse<br><br>**Standortpotenzial**<br>Ausnutzen von Standorten mit Steuervorteilen, niedrigen Lohnkosten, qualifizierten Arbeitskräften<br><br>**Internes Wissenspotenzial**<br>Ausschöpfen der Leistungsressourcen der Mitarbeiter<br><br>**Führungspotenzial**<br>Nutzbar machen des vorhandenen Führungspotenzials<br><br>**Weitere:** Beschaffungspotenzial, E-Business-Potenzial, Image-Potenzial, Ökologiepotenzial | **Marktpotenzial**<br>Erschließen bisher nicht ausgeschöpfter, aber erreichbarer Absatzmärkte oder Kunden<br><br>**Technologiepotenzial**<br>Steigerung der Wertschöpfung durch Einsatz neuer Technologien<br><br>**Finanzpotenzial**<br>Bessere, günstigere Finanzierung<br><br>**Externes Humanpotenzial**<br>Erschließen von Know-how durch externe Spezialisten<br><br>**Kooperationspotenzial**<br>Verbesserung der Wertschöpfung durch Zusammenarbeit mit anderen Unternehmen |

Abbildung 29: Übersicht Nutzenpotenziale in Anlehnung an Pümpin/Amann[12]

Der Begriff soll im Folgenden an den Beispielen Kostensenkungspotenzial und Marktpotenzial veranschaulicht werden.

12 Pümpin, C./Amann, W. (2005).

*Kostensenkungspotenziale* sind im Unternehmen vorhandene Möglichkeiten zur Einsparung von Kosten. Die Größe der Potenziale hängt von der Art des Unternehmens, vom Organisationsgrad und der Phase im Lebenszyklus des Unternehmens ab. Aufgrund der Erfahrungen liegen sie i. d. R. in einer Bandbreite von 5–20 % der Gesamtkosten. Durch die Analyse der Kostenblöcke werden diese Sparpotenziale identifiziert und durch geeignete Maßnahmen anschließend realisiert. Da jedes Unternehmen bestrebt ist, die Kosten tief zu halten, sind Möglichkeiten für Einsparungen periodisch zu prüfen. Eine wirksame Methode dazu ist Zero Base Budgeting (siehe Exkurs).

Kostensparmaßnahmen sind immer strategisch zu planen. Ausdrücklich zu warnen ist vor Sparübungen, die kurzfristig erfolgreich sind, langfristig aber schaden. Ein Beispiel dafür ist, wenn in wirtschaftlich schwierigen Zeiten wertvolle Mitarbeiter entlassen und überstürzt Kapazitäten abgebaut werden. Im Aufschwung fehlen diese Mitarbeiter und ihr Know-how muss im Regelfall mit großem Aufwand wieder neu beschafft werden. Weiter können im Aufschwung wegen fehlender Kapazitäten eventuell lukrative Aufträge – und damit Marktanteile – an die Konkurrenz verloren gehen.

Nicht ausgeschöpfte *Marktpotenziale* sind z. B. potenzielle Kundengruppen, die vom Unternehmen noch nicht erschlossen werden. Nehmen wir als Beispiel die beiden großen Schweizer Handelsorganisationen Migros und Coop. Beide vertreiben ihre Produkte seit einigen Jahren auch erfolgreich über das Internet. Der Kunde kann die Produkte einfach und bequem von zu Hause aus online bestellen. Sie werden dann direkt und schnell ins Haus geliefert. Über diesen Absatzweg und ein attraktives Angebot ist es den Großverteilern offensichtlich gelungen, das wachsende Segment der Online-Käufer anzusprechen. Verkäufe über das Internet entsprechen einem Trend und haben in den letzten Jahren weltweit massiv zugenommen.

Zur Analyse der Nutzenpotenziale eignet sich eine einfache Tabelle. In dieser wird eingetragen, in welchem Maße vorhandene Potenziale derzeit vom Unternehmen ausgeschöpft werden (Abbildung 30). Überall da, wo der Ausschöpfungsgrad gering ist, gibt es Verbesserungsmöglichkeiten. Die Bereiche, in denen in unserem Beispiel Handlungsbedarf besteht, sind orange hervorgehoben.

**Exkurs**

**Zero Base Budgeting**

Die Methode besteht darin, das Budget nicht auf Basis der aktuellen Kosten oder des Vorjahresbudgets zu erstellen, sondern von Grund auf neu zu planen (Planning from Base Zero). Alle Kosten werden auf Null gestellt, die Budgetierung erfolgt gleichsam »auf der grünen Wiese«. Sämtliche Budgetpositionen müssen neu gerechnet werden. Zero Base Budgeting ist daher sehr aufwendig und folglich nur alle paar Jahre sinnvoll bzw. machbar.

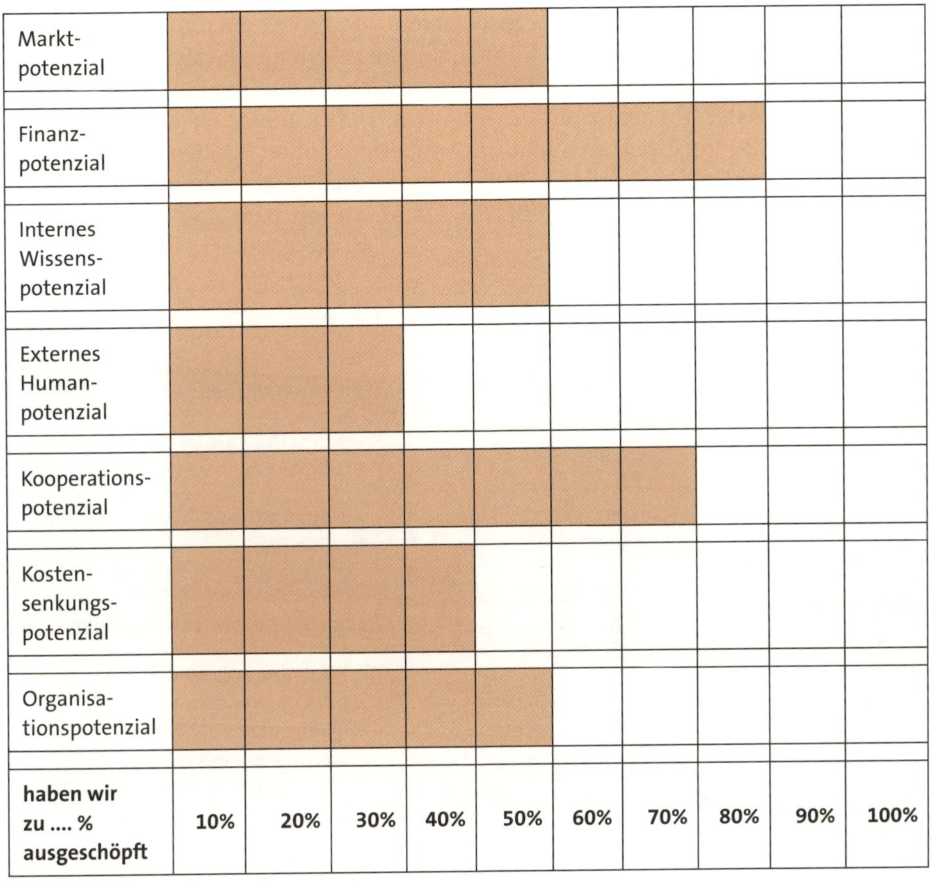


Abbildung 30: Beispiel Nutzenpotenzialanalyse eines Kosmetikherstellers. Die orange Einfärbung zeigt, wie weit die einzelnen Potenziale bereits ausgeschöpft sind.

## Standardisierungs- und Multiplikations-Profil

Erfolgreiche Unternehmen standardisieren systematisch und konsequent erfolgreiche Geschäftsaktivitäten und Geschäftsprozesse. Unter *Standardisierung* verstehen wir die bewusste und systematische Gestaltung von Prozessen bzw. Arbeitsabläufen, Aktivitäten, Vorgehensweisen oder Systemen. Eine konsequente Standardisierung bedingt, dass diese Prozesse, Vorgehensweisen etc. aufgezeichnet und dokumentiert werden. Standardisierung heißt, wichtige, wiederkehrende Prozesse einmal konsequent zu durchdenken und optimal zu gestalten. Der Nutzen entsteht dann durch die konsequente und mehrfache Anwendung oder eben *Multiplikation* dieser Prozesse. Produktionsprozesse weisen in den meisten Unternehmen bereits einen hohen Standardisierungs- und Multiplikationsgrad auf. Es ist aber erstaunlich, wie wenig andere Prozesse, wie z.B. Verkaufsprozesse, Entwicklungsprozesse usw., standardisiert sind. In vielen Unternehmen gibt es daher bei der Standardisierung und Multiplizierung große Optimierungspotenziale.

Die Übersicht in Abbildung 31 zeigt Beispiele von Prozessen und Systemen, die sich zur Multiplikation eignen. Es lohnt sich, alle relevanten Prozesse zu standardisieren und diese anschließend so oft wie möglich zu multiplizieren. Je häufiger ein standardisierter Prozess multipliziert wird, desto größer ist die Gesamtwirkung (vgl. Abbildung 31). Durch Mehrfachnutzung können Effizienz und Rentabilität deutlich verbessert werden. Deshalb muss analysiert werden, in welchem Umfang Aktivitäten und Prozesse bereits standardisiert sind und wie häufig sie multipliziert werden.

| Prozess oder System | Nutzen | Anwendungsbeispiele |
|---|---|---|
| Produktionsprozesse | Stückkostendegression | Produktionsstraßen im Automobilbau |
| Forschungs- und Entwicklungsprozesse | Zeit- und Kostenvorteile | Definierte Forschungsprozesse in der Pharmaindustrie |
| Verkaufsprozesse | Mehr Wirkung bei geringeren Kosten | Multiplikation von Aktionswochen in allen Filialen |
| Werbeprozesse | Mehr Wirkung bei geringeren Kosten | Weltweite Multiplikation erfolgreicher Werbekampagnen |
| Finanzierungsprozesse | Hohe Effizienz in der Mittelbeschaffung | z. B. Fundraising, Förderprogramme bei NGOs (Non-Governmental Organizations bzw. Nichtregierungsorganisationen) |
| Restrukturierungsprozesse | Höhere Produktivität und Wertschöpfung | Business Process-Redesign |
| Akquisitionsprozesse | Gewinnung von Neukunden | Multiplikation des Vorgehens zur Erschließung neuer Märkte |
| Laden- und Frontsysteme | Mehr Wirkung bei geringeren Kosten | Einheitliches Ladenkonzept (z. B. Aldi) |
| Logistiksysteme | Zeit- und Kostenvorteile | Warenbeschaffung und Transport |

Abbildung 31: Zur Standardisierung und Multiplikation geeignete Prozesse und Systeme

Dieser Analyseschritt ist von hoher Relevanz, da durch Standardisierung und Multiplikation sowohl Kosteneinsparungen als auch Umsatzwachstum möglich sind. Bei vielen Unternehmen ist »Preiszerfall« als relevanter Markttrend festzustellen – daher sind alle Rationalisierungspotenziale konsequent auszuschöpfen.

Wirkungsgrad der Standardisierung × Anwendungsgrad (Anzahl Multiplikationen) = Gesamtwirkung von Standardisierung und Multiplikation

Abbildung 32: Zusammenhang der Wirkungen von Standardisierung und Multiplikation

Als Instrument zur Festlegung des Standardisierungs- und Multiplikationsgrads wird die in Abbildung 33 dargestellte Tabelle eingesetzt. Die unternehmensrelevanten Prozesse und Systeme werden in Spalte 1 erfasst. Der aktuelle Standardisierungs- und Multiplikationsrad wird anschließend vom Strategieteam in die entsprechenden Zeilen eingefügt. Der Prozentsatz in der oberen Zeile zeigt, wie weit Prozesse und Systeme nach Einschätzung des Strategieteams standardisiert und dokumentiert sind. Die untere Zeile bezieht sich auf den Anwendungs- bzw. Multiplikationsgrad. Hundert Prozent entsprächen dabei der maximal möglichen Ausschöpfung.

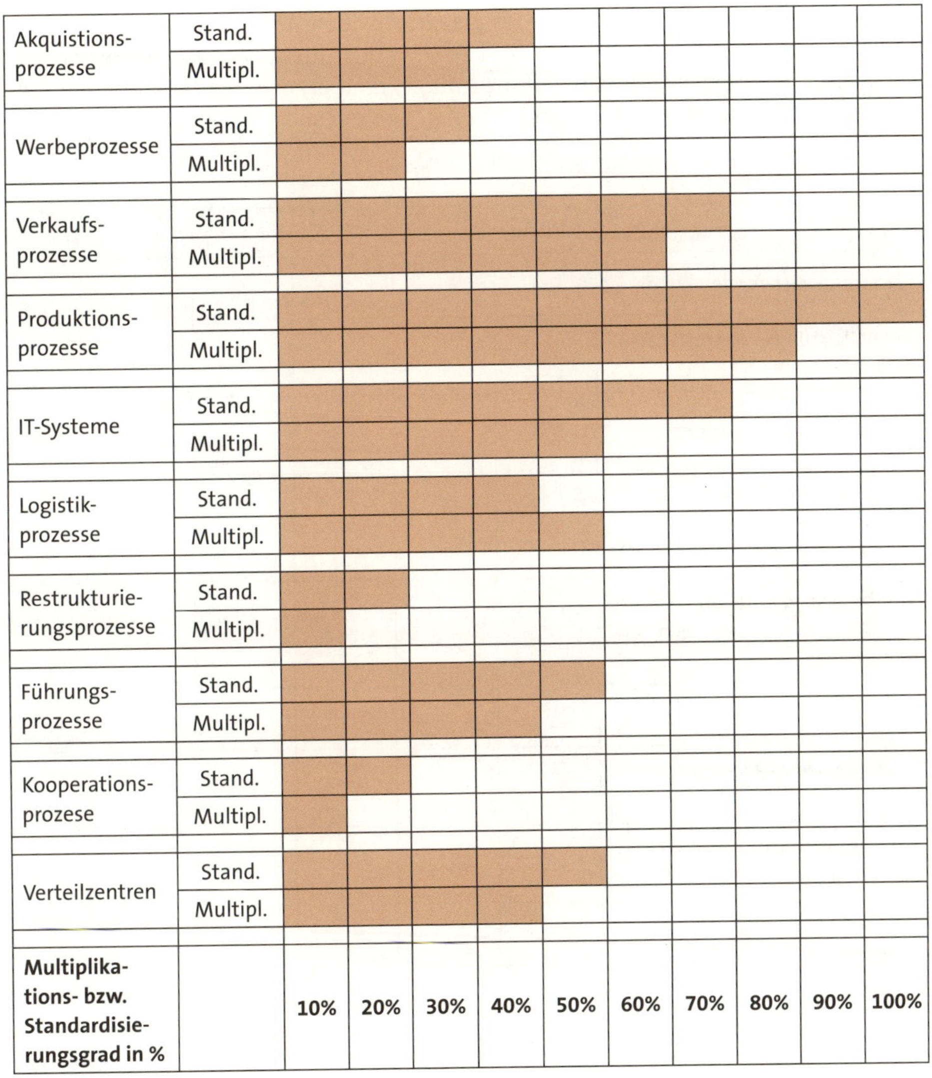


Abbildung 33: Standardisierungs- und Multiplikationsprofil eines Kosmetikherstellers. Die orange Einfärbung zeigt, wie weit Prozesse und Systeme standardisiert bzw. multipliziert sind.

## Kulturprofil

Diese Analyse zeigt auf, welche Kultur im Unternehmen gelebt wird. Zwischen dem Gewünschten und dem tatsächlich Gelebten bestehen oft erhebliche Unterschiede. Es empfiehlt sich deshalb, ein Ist- und ein Soll-Profil zu erstellen. Das Unternehmen entscheidet, welche Kriterien es im Profil berücksichtigen will. Abbildung 34 zeigt den Raster, den die Autoren seit Jahren mit Erfolg verwenden. Der aufmerksame Leser wird festgestellt haben, dass es zwischen dem Kulturprofil und dem Wertvorstellungsprofil (vergleiche S. 24 ff.) gewisse Ähnlichkeiten gibt. Im Kulturprofil wird im ersten Schritt der Ist-Zustand erhoben und anschließend der gewünschte Soll-Zustand festgelegt. Aus den Abweichungen der beiden Profile ergibt sich meistens Handlungsbedarf. Zudem ist es sehr aufschlussreich, das Wertvorstellungsprofil dem Kulturprofil gegenüberzustellen. Letzte noch vorhandene Widersprüche und Ungereimtheiten werden so sichtbar und können ausgeräumt werden.

| Wir … | trifft zu | | | gar nicht | Bemerkungen |
|---|---|---|---|---|---|
| … machen alles für den Kunden | | | | | |
| … sind leistungs- und resultatsorientiert | | | | | |
| … achten stark auf die Kosten | | | | | Innovation nicht bremsen |
| … delegieren Aufgaben, Verantwortung und Kompetenzen | | | | | |
| … führen kooperativ und berücksichtigen stark die Anliegen der Mitarbeiter | | | | | |
| … sind sehr innovativ | | | | | |
| … setzen neuste Technologien ein | | | | | |
| … berücksichtigen gesellschaftliche Anliegen | | | | | |
| … handeln ökologisch | | | | | |

Ist-Profil

Soll-Profil

Abbildung 34: Kulturprofil Ist und Soll einer Produktionsfirma (anonymisiert)

## Stärken und Schwächen

Der letzte Arbeitsschritt in der Unternehmensanalyse ist das Erstellen eines Stärken- und Schwächen-Profils. In einem Brainstorming werden zuerst Stärken in Stichworten aufgelistet. Diese werden thematisch gruppiert und zu maximal 5 Stärken zusammengefasst. Jede Stärke wird anschließend kurz beschrieben. Auf die gleiche Weise wird auch das Schwächen-Profil erarbeitet (Abbildung 35).

| **Stärken** | |
|---|---|
| Ökologie | Einzigartiges Sortiment an Natur-, Bio- und Ökoprodukten<br>Energieeffiziente Prozesse, nachhaltige Produktion, »Klassenprimus« |
| Know-how | Ökologie und Bio, Entwicklungs- und Produktions-Know-how<br>Starkes Team mit großer Erfahrung |
| Finanzen | Starke Finanzkraft |
| Flexibilität | Flexibel, schnell,<br>hohe Lieferbereitschaft |
| Image | Guter Ruf |
| **Schwächen** | |
| Rentabilität | Hohe Kosten, zu teuer, ungenügende Produktivität, zu stark diversifiziert, kleine Losgrößen können nicht rentabel hergestellt werden, Kalkulation (Leistungslohn) |
| Marketing + Verkauf | Mangelnde Marktorientierung, fehlende Marktkenntnisse, schwacher Verkauf, ungenügende Akquisition, fehlende Exporterfahrung |
| Innovation | Geringe Innovationskraft, zu geringes Budget für Innovationen |
| Unternehmertum | Leadership, fehlender Erfolgshunger, Problemorientierung, zu brav |

Abbildung 35: Stärken- und Schwächenprofil eines Kosmetikherstellers

# SWOT-Analyse erstellen

Die Ergebnisse der Analyseschritte werden schließlich komprimiert und in einer SWOT-Analyse zusammengefasst. Überall da, wo Stärken des Unternehmens auf Trends im Umfeld treffen, bestehen Chancen. Treffen Trends jedoch auf Schwächen des Unternehmens, drohen Gefahren. Im Beispiel des Kosmetikherstellers auf S. 48 in Abbildung 37 trifft die Stärke »Ökologie« auf den Trend »Nachhaltigkeit«. Die steigende Nachfrage nach ökologischen und nachhaltigen Produkten stellt zweifellos eine Chance für das Unternehmen dar. Hingegen bedeutet die schwache Innovationsfähigkeit eine Gefahr. Da sich Bedürfnisse oft schnell ändern, ist das Unternehmen womöglich in Zukunft nicht in der Lage, rechtzeitig neue, trendgerechte Produkte auf den Markt zu bringen.

Der Fokus in der SWOT-Analyse ist auf die Chancen zu richten, da diese Ansätze für mögliche Strategievarianten aufzeigen. Das Erkennen von Gefahren ist zwar wichtig, um diesen auszuweichen. Gefahren bieten jedoch i. d. R. keine strategischen Optionen.

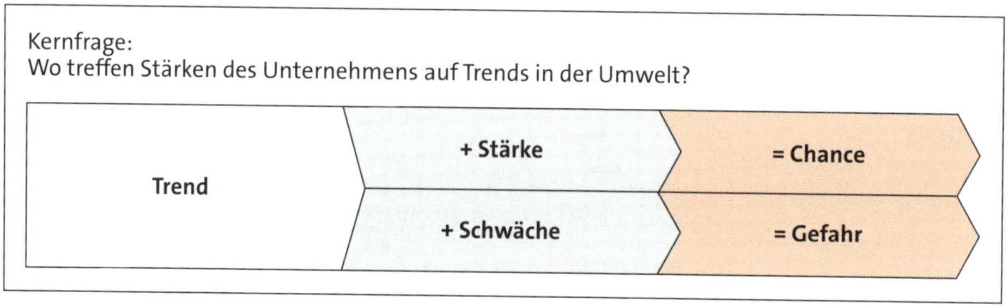


Abbildung 36: Übersicht SWOT-Analyse

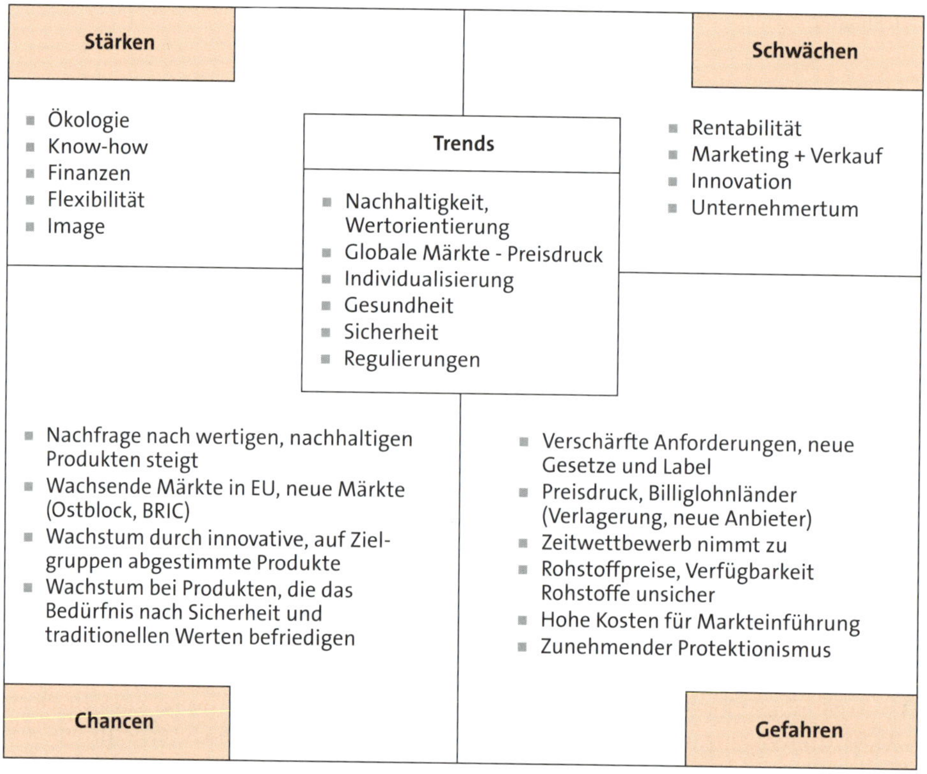


Abbildung 37: Beispiel SWOT-Analyse eines Kosmetikherstellers

## Sofortmaßnahmen festlegen

In jeder Analyse kommen als »Nebenprodukt« Schwachpunkte des Unternehmens ans Licht, die unabhängig von der noch zu bestimmenden Strategie angegangen werden müssen. Dies können organisatorische Mängel, ineffiziente Prozesse, hohe Kosten, Risiken bei der Beschaffung usw. sein. Diese Probleme können in der Strategiearbeit nicht bearbeitet werden. Es fehlt dafür einerseits die Zeit, andererseits würde eine vertiefte Diskussion den Strategieerarbeitungsprozess gedanklich stören.

Damit diese Erkenntnisse aber nicht verloren gehen, ist eine Liste zu führen, in der diese gesammelt werden. Die Bearbeitung erfolgt – möglichst zeitnah – im Rahmen des operativen Geschäfts.

| Beschreibung | Priorität | Verantwortlich |
|---|---|---|
| Preise und Konditionen überprüfen | A | B. Meier |
| Kostensparmaßnahmen Einkauf Rohstoffe prüfen | B | C. Müller |
| …… | | |

Abbildung 38: Beispiel einer Sofortmaßnahmenliste

## Schritt 2 umsetzen

Die folgende Umsetzungsanleitung und die Arbeitsblätter ermöglichen Ihnen, den Arbeitsschritt selbstständig durchzuführen. Um die Anleitung übersichtlich zu halten, beschränken wir uns auf das Wichtigste. Für ein vertieftes Verständnis ist es wiederum nötig, dass Sie das vorstehende Kapitel »Schritt 2: Analyse«, S. 21 ff. gelesen haben, bevor Sie mit der Arbeit beginnen.

Die Strategieerarbeitung erfolgt – wie bereits erwähnt – in ein- bis zweitägigen, moderierten Workshops. Wenn sich das Strategieteam aus sechs oder mehr Teilnehmern zusammensetzt, empfehlen wir, die Arbeitsblätter in zwei Gruppen unabhängig voneinander zu erarbeiten. Die Ergebnisse werden jeweils im Plenum präsentiert und verdichtet. Dieses Vorgehen verbessert die Qualität und hat den Vorteil, dass unterschiedliche Einschätzungen berücksichtigt werden. Im Weiteren wird damit verhindert, dass Einzelne die Arbeit zu sehr dominieren können.

### Arbeitsblätter

Das Ausfüllen von Arbeitsblatt 10: *Konkurrenz analysieren* und Arbeitsblatt 14: *Kernkompetenzen und strategische Geschäftsfelder* erfordert vorherige Recherchen. Sie sind deshalb von einer Arbeitsgruppe bereits vor dem Workshop vorzubereiten.

### Arbeitsblatt 5: Programm Workshop »Analyse«

Die folgende Folie zeigt den Ablauf des Workshops. Nach dem Skizzieren der Vision und der Klärung der Wertvorstellungen stehen die Analyse des Umfelds und des Unternehmens im Zentrum. Ergebnis ist eine SWOT-Analyse.

**1. Mission formulieren**
**2. Vision skizzieren**
**3. Wertvorstellungen klären**
**4. Umfeld analysieren**
**5. Unternehmen analysieren**
**6. SWOT-Analyse erstellen**
**7. Sofortmaßnahmen festlegen**

### Arbeitsblatt 6: Mission formulieren

Siehe auch Ausführungen dazu auf Seite 22.

1. Beschreiben Sie kurz und präzise Ihre Geschäftstätigkeit bzw. den Auftrag, den Sie für die Gesellschaft erbringen.
   Beginnen Sie die Aussage mit: »Wir sind …«
   Beispiel Walt Disney: »Wir sind Produzent und Anbieter von Unterhaltung und Information.«

**Mission formulieren**

## Arbeitsblatt 7: Vision skizzieren

Siehe auch Seite 22.

1. Legen Sie fest, zu welchen der folgenden Punkte Sie in der Vision eine Aussage machen wollen: Kundennutzen, Geschäftstätigkeit, Produkte/Leistungen, Marktstellung, Preis, Qualität, Kunden, geografischer Markt.
2. Legen Sie fest, was Sie bei jedem der gewählten Punkte sagen wollen. Beispielsweise könnte die Aussage bei Marktstellung heißen: »Marktführer in der Region Süddeutschland« oder »Nummer 1 in der Logistik in der Schweiz«.
3. Formulieren Sie dann aus den Stichworten Ihre Vision. Versuchen Sie, diese in einem Satz zu sagen. Überladen Sie die Aussage nicht, halten Sie nur das wirklich Wichtige fest, und haben Sie den Mut, weniger Wichtiges wegzulassen.
4. Die skizzierte Vision ist noch nicht definitiv. Sie wird nach Festlegung der Strategie im zweiten Workshop nochmals kritisch hinterfragt und auf Stimmigkeit und Plausibilität überprüft.

**Vision skizzieren**

## Arbeitsblatt 8: Wertvorstellungen klären

Siehe auch Seite 24 ff.

1. Bewerten Sie in der Matrix die Wichtigkeit der Kriterien: (Umsatz)-Wachstum, Qualität usw.
2. Suchen Sie bei Kriterien, die von Einzelnen stark unterschiedlich bewertet werden, nach Möglichkeit einen Konsens.
3. Ist kein solcher möglich, muss die Geschäftsleitung entscheiden.

**Wertvorstellungen klären: Das ist uns wichtig!**

| | | 1 | 2 | 3 | 4 | |
|---|---|---|---|---|---|---|
| (Umsatz)-Wachstum | stabil | | | | | maximal |
| Qualität | gering | | | | | sehr wichtig |
| Gewinn | gering | | | | | sehr wichtig |
| Geografischer Markt | lokal | | | | | international |
| Leistungs-/ Resultatorientierung | gering | | | | | hoch |
| Risikoneigung | gering | | | | | hoch |
| Innovationsneigung | gering | | | | | hoch |
| Berücksichtigung der Anliegen der Mitarbeiter | gering | | | | | groß |
| Führungsstil | autoritär | | | | | kooperativ |
| Bedeutung Ökologie und Nachhaltigkeit | gering | | | | | sehr wichtig |
| Berücksichtigung ethische + gesellschaftliche Ziele | gering | | | | | so weit wie möglich |
| | | | | | | |

## Arbeitsblatt 9: Trends und Entwicklungen im Umfeld ausloten

Siehe auch Seite 25 ff.

1. Verschaffen Sie sich anhand wichtiger globaler Trends (vergleiche Abbildung 15) und der Fragen in Abbildung 16 einen Überblick.
2. Notieren Sie in einem Brainstorming aktuelle Entwicklungen stichwortartig auf einem Flipchart.
3. Gruppieren Sie die Stichworte und verdichten Sie diese zu Themen-Clustern.
4. Benennen Sie diese Themencluster und wählen Sie die fünf wichtigsten aus.
5. Beschreiben Sie die Stichworte der einzelnen Cluster in kurzen und aussagekräftigen Sätzen.
6. Bestimmen Sie schließlich, wann diese Trends zeitlich wirksam werden.

| Stichwort | Beschreibung | Zeit |
|---|---|---|
| | | |
| | | |
| | | |
| | | |
| | | |

1 = schon wirksam, 2 = in den nächsten 3 Jahren wirksam,
3 = in den nächsten 5 Jahren wirksam

**Arbeitsblatt 10: Konkurrenz analysieren**

Siehe auch Seite 30 ff.

*(Dieses Arbeitsblatt ist bereits vor dem Workshop vorzubereiten)*

1. Analysieren Sie die wichtigsten Konkurrenten nach den in der Tabelle aufgeführten Kriterien.
2. Wo Ihnen Angaben fehlen, treffen Sie eine Annahme aufgrund der Marktkenntnisse im Team.
3. Bei Unternehmen mit mehreren unterschiedlichen Geschäftsfeldern muss die Konkurrenz möglicherweise für jedes Geschäftsfeld separat analysiert werden.

| | **Konkurrent 1** | **Konkurrent 2** | **Konkurrent 3** | **Konkurrent 4** |
|---|---|---|---|---|
| Leistungsangebot | | | | |
| Stärken, besondere Fähigkeiten | | | | |
| Schwächen | | | | |
| Preisniveau (niedrig mittel, hoch) | | | | |
| Marktstellung (stark, mittel, schwach) evt. Marktanteil in % | | | | |
| geschätzter Umsatz | | | | |

### Arbeitsblatt 11: Wettbewerbskräfte ausloten

Siehe auch Seite 31 ff.

1. Tragen Sie in den jeweiligen Feldern die Positionen von Lieferanten, Abnehmern usw. ein.
2. Eruieren Sie Chancen und Risiken und fassen Sie die Schlussfolgerungen auf Arbeitsblatt 12 zusammen.

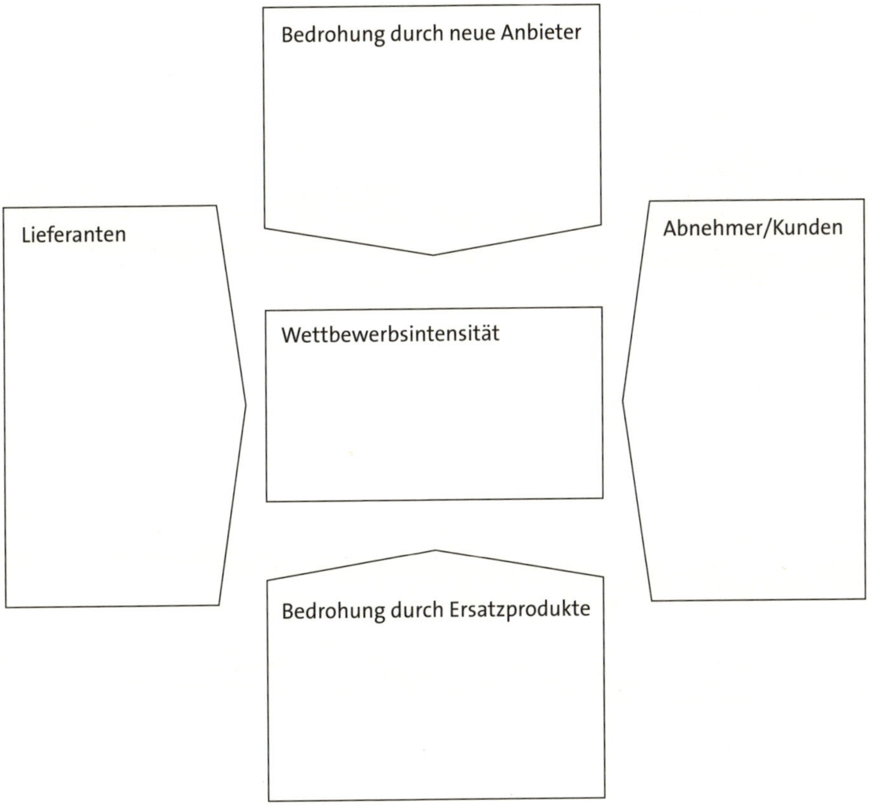

## Arbeitsblatt 12: Fazit Wettbewerbskräfte ziehen

**Fazit/Schlussfolgerungen**

## Arbeitsblatt 13: Gegenwärtige Erfolgsfaktoren im Markt eruieren

Siehe auch Seite 33 f.

1. Tragen Sie in der Tabelle die fünf aus Ihrer Sicht wichtigsten gegenwärtigen Erfolgsfaktoren ein.
2. Bewerten Sie, welche dieser Faktoren Ihr Unternehmen gegenwärtig erfüllt, teilweise erfüllt oder nicht erfüllt.

| | erfüllt | tw. erfüllt | nicht erfüllt |
|---|---|---|---|
| Erfolgsfaktor 1 | | | |
| Erfolgsfaktor 2 | | | |
| Erfolgsfaktor 3 | | | |
| Erfolgsfaktor 4 | | | |
| Erfolgsfaktor 5 | | | |

**Arbeitsblatt 14: Kernkompetenzen und strategische Geschäftsfelder aufzeichnen**

Siehe auch Seite 35 ff.

*(Dieses Arbeitsblatt ist bereits vor dem Workshop vorzubereiten)*

1. Fügen Sie in der obersten Zeile der Tabelle die Kernkompetenzen des Unternehmens ein.
2. Tragen Sie dann für jedes Geschäftsfeld die Kunden bzw. Branchen, die angebotenen Leistungen und die Märkte ein, in denen Sie tätig sind.
3. Ist Ihr Unternehmen nur in einem Geschäftsfeld tätig, können Sie die Tabelle anpassen und die Angaben für das ganze Unternehmen machen.

| Unsere Kernkompetenzen | | |
|---|---|---|
| SGF 1: | SGF 2: | SGF 3: |
| Kunden/Branchen | | |
| | | |
| Leistungen | | |
| | | |
| Geografische Märkte | | |
| | | |

## Arbeitsblatt 15: Positionierung und Ist-Differenzierung analysieren

Siehe auch Seite 35 ff.

1. Arbeiten Sie die Tabelle von oben nach unten durch. Tragen Sie zuerst ein, wie Ihr Unternehmen positioniert ist, z.B: als Qualitätsanbieter, Preisführer, Systempartner o.Ä. in der Region xy o.Ä.
2. Ergänzen Sie anschließend die Tabelle und beantworten Sie die weiteren Fragen.

| Unsere Positionierung im Markt: | | |
|---|---|---|
| | | |
| SGE 1 | SGE 2 | SGE 3 |
| Wir differenzieren uns heute von der Konkurrenz durch ... | | |
| | | |
| Typische Merkmale unser Kunden sind ... | | |
| | | |
| Kunden kaufen bei uns, weil ... | | |
| | | |
| Kunden kaufen nicht bei uns, weil ... | | |
| | | |
| Wie ist unsere Kostenstruktur gegenüber dem Hauptkonkurrenten? Wo haben wir Vor- und Nachteile? | | |
| | | |

## Arbeitsblatt 16: Ist-Portfolio aufzeichnen

Siehe auch Seite 36 ff.

Ein Portfolio zu erstellen ist nicht einfach. Wir empfehlen deshalb, wie beschrieben vorzugehen.

1. Erstellen Sie eine Liste Ihrer Produkte oder Ihrer Produktgruppen, je nachdem, was für Ihr Unternehmen/Ihren Bereich sinnvoll ist. Damit die Übersicht nicht verloren geht, sollten im Portfolio maximal fünfzehn Produkte oder Produktgruppen abgebildet werden.
2. Fügen Sie anschließend jedes Produkt bzw. jede Produktgruppe in eines der vier Felder der Matrix ein:
   a. Beurteilen Sie zuerst, ob das Marktwachstum niedrig oder hoch ist, und definieren Sie, in welchem Feld es auf der Vertikalen einzuordnen ist. Wenn ein Produkt sehr hohes Wachstum hat, setzen Sie es oben, bei geringem, unten im Feld ein. Vermeiden Sie Scheingenauigkeit, es genügt auch, nur das Feld festzulegen und auf die Feineinteilung zu verzichten.
   b. Beurteilen Sie dann auf der Horizontalen, welchen Marktanteil das Produkt im Vergleich zu Ihrem Hauptkonkurrenten hat. Dies wird in den meisten Fällen eine Schätzung sein.
3. Hat das Unternehmen mehrere Geschäftsfelder gibt es zwei Möglichkeiten:
   a. Sind relativ wenige Produkte bzw. Produktgruppen (bis fünfzehn) abzubilden, können diese je Geschäftsfeld in verschiedenen Farben dargestellt werden. So lange das Portfolio noch übersichtlich ist, empfehlen wir diese Variante.
   b. Bei mehr als fünfzehn Produkten bzw. Produktgruppen sollte für jedes Geschäftsfeld ein separates Portfolio erstellt werden.

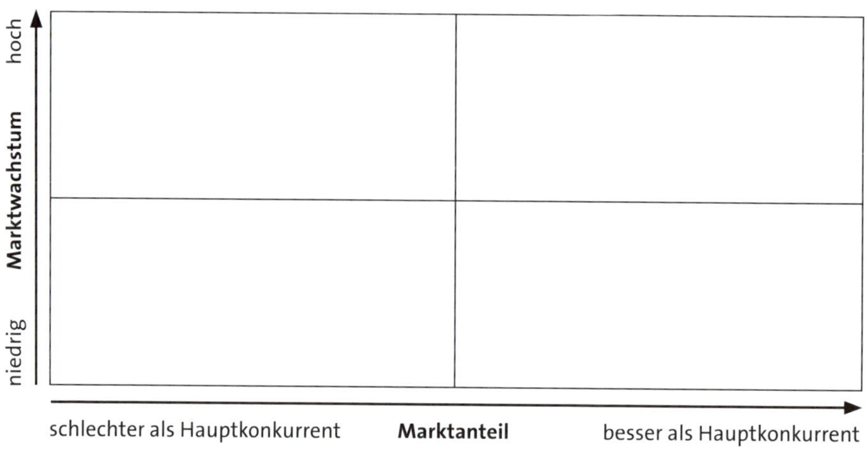

### Arbeitsblatt 17: Nutzenpotenzial-Profil erstellen

Siehe auch Seite 41 ff.

1. Legen Sie bei den aufgeführten Potenzialen auf der Skala fest, wie viel Prozent davon vom Unternehmen erschlossen und bereits ausgeschöpft sind.
2. Überprüfen Sie die Liste auf Vollständigkeit. Gibt es weitere Potenziale, die für das Unternehmen relevant sind, die sich aber nicht auf der Liste befinden?
3. Ergänzen Sie diese bei Bedarf.
4. Diskutieren und kennzeichnen Sie attraktive Potenziale, die in Zukunft neu oder weiter erschlossen werden könnten.

| | | | | | | | | | | |
|---|---|---|---|---|---|---|---|---|---|---|
| Markt-potenzial | | | | | | | | | | |
| Finanz-potenzial | | | | | | | | | | |
| Internes Wissens-potenzial | | | | | | | | | | |
| Externes Human-potenzial | | | | | | | | | | |
| Kooperations-potenzial | | | | | | | | | | |
| Kosten-senkungs-potenzial | | | | | | | | | | |
| Organisa-tionspotenzial | | | | | | | | | | |
| | | | | | | | | | | |
| | | | | | | | | | | |
| **haben wir zu .... % ausgeschöpft** | **10%** | **20%** | **30%** | **40%** | **50%** | **60%** | **70%** | **80%** | **90%** | **100%** |

**Arbeitsblatt 18: Standardisierungs- und Multiplikations-Profil erstellen**

Siehe auch Seite 43 ff.

1. Tragen Sie bei den aufgeführten Prozessen und Systemen in der ersten Zeile ein, wie viel davon im Unternehmen bereits standardisiert ist.
2. In der Skala der zweiten Zeile tragen Sie dann ein, zu welchem Prozentsatz diese Prozesse auch tatsächlich multipliziert werden.
3. Überprüfen Sie die Liste auf Vollständigkeit und ergänzen Sie diese bei Bedarf mit weiteren Prozessen und Systemen.
4. Diskutieren und kennzeichnen Sie wiederum diejenigen Prozesse und Systeme, die in Zukunft neu oder vermehrt standardisiert und multipliziert werden könnten.

| | | | | | | | | | | | |
|---|---|---|---|---|---|---|---|---|---|---|---|
| Akquistions-prozesse | Stand. | | | | | | | | | | |
| | Multipl. | | | | | | | | | | |
| Werbeprozesse | Stand. | | | | | | | | | | |
| | Multipl. | | | | | | | | | | |
| Verkaufs-prozesse | Stand. | | | | | | | | | | |
| | Multipl. | | | | | | | | | | |
| Produktions-prozesse | Stand. | | | | | | | | | | |
| | Multipl. | | | | | | | | | | |
| IT-Systeme | Stand. | | | | | | | | | | |
| | Multipl. | | | | | | | | | | |
| Logistikprozesse | Stand. | | | | | | | | | | |
| | Multipl. | | | | | | | | | | |
| Restrukturie-rungsprozesse | Stand. | | | | | | | | | | |
| | Multipl. | | | | | | | | | | |
| Führungs-prozesse | Stand. | | | | | | | | | | |
| | Multipl. | | | | | | | | | | |
| Kooperations-prozese | Stand. | | | | | | | | | | |
| | Multipl. | | | | | | | | | | |
| Verteilzentren | Stand. | | | | | | | | | | |
| | Multipl. | | | | | | | | | | |
| | Stand. | | | | | | | | | | |
| | Multipl. | | | | | | | | | | |
| | Stand. | | | | | | | | | | |
| | Multipl. | | | | | | | | | | |
| **Multiplikations- bzw. Standardisierungsgrad in %** | | **10%** | **20%** | **30%** | **40%** | **50%** | **60%** | **70%** | **80%** | **90%** | **100%** |

## Arbeitsblatt 19: Kulturprofil aufzeichnen

Siehe auch Seite 46.

1. Besprechen Sie die Aussagen im Kulturprofil und kreuzen Sie an, was bei Ihnen zutreffend ist.
2. Verbinden Sie die einzelnen Kreuze und erstellen Sie so das Ist-Kulturprofil.
3. Überlegen Sie sich nun, in welche Richtung sich die Kultur entwickeln soll oder muss und erstellen Sie das Soll-Profil.
4. Wo es Abweichungen zwischen Ist- und Soll-Profil gibt, besteht Handlungsbedarf.

| Wir ... | trifft zu | | | gar nicht | Bemerkungen |
|---|---|---|---|---|---|
| ... machen alles für den Kunden | | | | | |
| ... sind leistungs- und resultatorientiert | | | | | |
| ... achten stark auf die Kosten | | | | | |
| ... delegieren Aufgaben, Verantwortung und Kompetenzen | | | | | |
| ... führen kooperativ und berücksichtigen stark die Anliegen der Mitarbeiter | | | | | |
| ... sind sehr innovativ | | | | | |
| ... setzen neueste Technologien ein | | | | | |
| ... berücksichtigen gesellschaftliche Anliegen | | | | | |
| ... handeln ökologisch | | | | | |

### Arbeitsblatt 20: Stärken ermitteln

Siehe auch Seite 47.

1. Notieren Sie die Stärken Ihres Unternehmens bzw. Ihres Bereichs in Stichworten auf einem Flipchart.
2. Verdichten Sie diese und geben Sie den Stärken einen aussagekräftigen Namen.
3. Tragen Sie die fünf wichtigsten Stärken in der linken Spalte der Tabelle ein.
4. Umschreiben Sie diese Stichworte in kurzen Sätzen oder weiteren Stichworten.
5. Listen Sie nach dem gleichen Vorgehen auch die Schwächen des Unternehmens auf.

*Anmerkung:* Mit den Stichworten der Stärken und Schwächen arbeiten Sie nachher weiter. Präzise Stichworte erleichtern die weitere Arbeit. Hingegen können unscharfe Begriffe zu Missverständnissen führen.

Beispiel: Stärke

| Stichwort | Beschreibung |
|---|---|
| Finanzen | hohe Rentabilität, starke Finanzkraft |

| Stichwort | Beschreibung |
|---|---|
| | |
| | |
| | |
| | |
| | |

## Arbeitsblatt 21: Schwächen eruieren

| Stichwort | Beschreibung |
| --- | --- |
| | |
| | |
| | |
| | |
| | |

## Arbeitsblatt 22: SWOT-Analyse erstellen

Siehe auch Seite 47 ff.

1. Tragen Sie die Stichworte aus den Arbeitsblättern Trends, Stärken und Schwächen in die Tabelle ein.
2. Wo Trends auf Stärken treffen, ergeben sich Chancen, trifft ein Trend auf eine Schwäche, droht Gefahr.
3. Ziehen Sie in Ihre Überlegungen auch die Ergebnisse der übrigen Arbeitsblätter mit ein.
4. Diskutieren Sie die aus diesen Kombinationen entstehenden Chancen und Gefahren und tragen Sie diese in den entsprechenden Feldern ein.

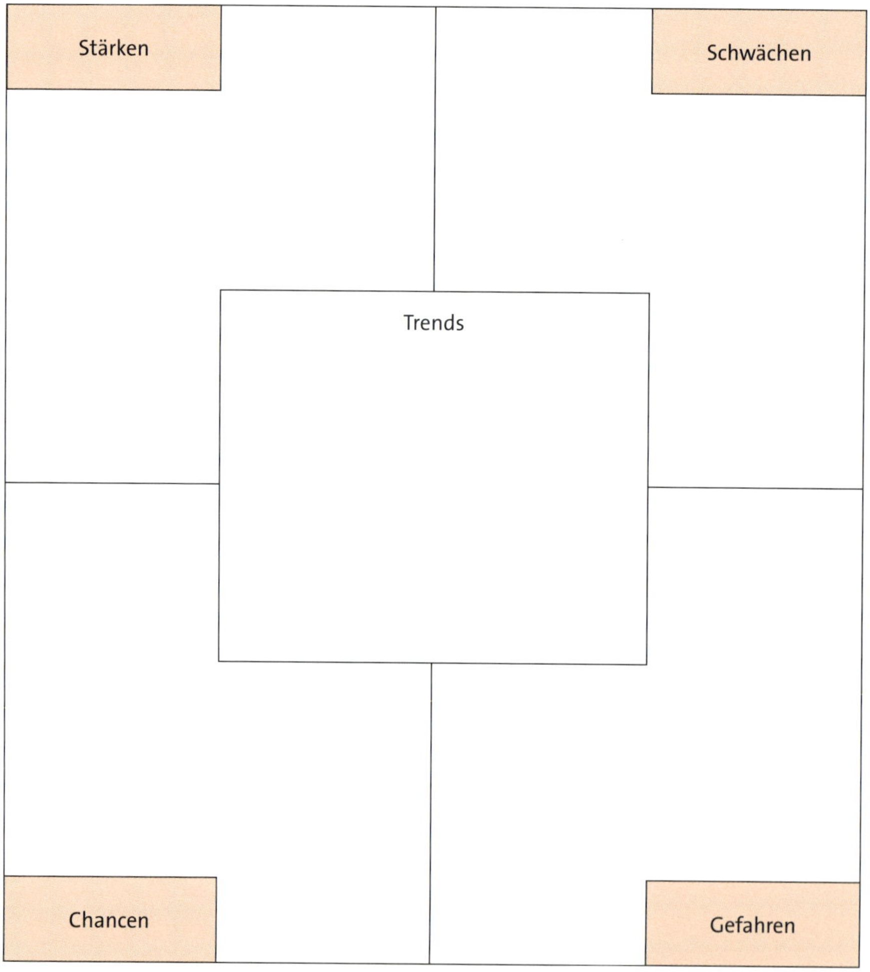

## Arbeitsblatt 23: Sofortmaßnahmen festlegen

Siehe auch Seite 49.

Bei den verschiedenen Analyseschritten treten oft Fragen und/oder Probleme zu Tage, die wichtig sind, aber nicht unmittelbar mit der Strategie zu tun haben und daher nicht vertieft diskutiert werden können. Damit diese Punkte nicht verloren gehen, empfehlen wir eine Maßnahmenliste zu führen, in der diese Punkte festgehalten werden.

| Beschreibung | Priorität | zuständig | Termin |
| --- | --- | --- | --- |
| | | | |

## Information der Mitarbeiter

Spätestens nach dem ersten Workshop muss festgelegt werden, wie die Mitarbeiter über das Strategieprojekt informiert werden sollen. Wenn sich das Führungsteam eines Unternehmens mehrmals zu einer Klausur zurückzieht, wird das im Unternehmen wohl kaum unentdeckt bleiben. Um Gerüchten und Ängsten vorzubeugen, empfehlen wir, die Mitarbeiter kurz und klar über das Vorhaben zu informieren.

## Protokollierung

Bei der Vielfalt der Analysen und Erkenntnisse ist es wichtig, den Überblick zu bewahren. Die Ergebnisse des Workshops sind deshalb genauestens zu protokollieren. Eine übersichtliche Zusammenfassung der Ergebnisse ist unabdingbar für die weitere Arbeit.

# Schritt 3: Strategieentwicklung

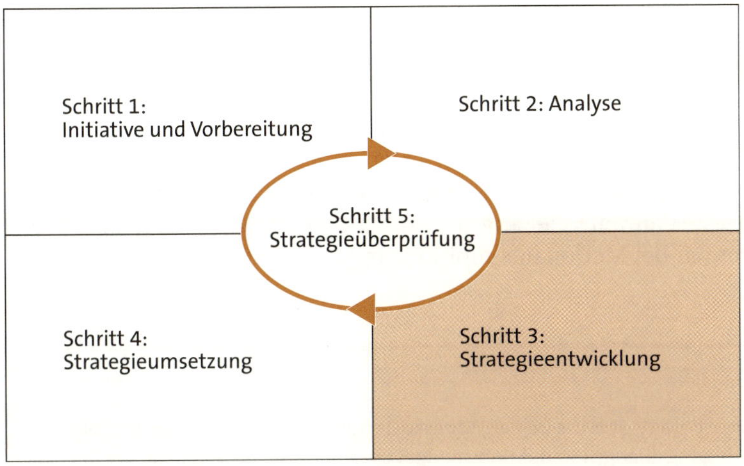


Aufgrund der Erkenntnisse der durchgeführten Analysen werden in der Strategieentwicklung mögliche strategische Optionen evaluiert. Schließlich wird eine Variante ausgewählt und die zukünftige Marschrichtung der Unternehmung festgelegt. Dabei geht es nicht darum, ein möglichst umfangreiches Papier zu erarbeiten. Je konzentrierter und knapper die Strategie formuliert ist – je prägnanter Ziele und Absichten auf den Punkt gebracht werden, umso besser. Lange, komplizierte oder unklar formulierte Strategien sind keine gute Voraussetzung für die Umsetzung. Es gilt das Motto Albert Einsteins: »So einfach wie möglich, aber nicht einfacher.«

## Strategische Prinzipien

Erfolgreiche Strategien zeichnen sich durch die Beachtung einiger grundlegender strategischer Prinzipien aus. In Anlehnung an Pümpin/Amann[13] sind die Wichtigsten im Folgenden aufgeführt.

### Ausnutzen von Umwelt- bzw. Marktchancen und erschließen von Nutzenpotenzialen

Eine Hauptfunktion der strategischen Führung ist es, die Umwelt und den Markt nach Chancen abzusuchen und diese durch das Erschließen von attraktiven Nutzenpotenzialen (siehe S. 41) gewinnbringend auszunutzen. Chancen können in allen Umfeldbereichen einer Unternehmung vorhanden sein. So stellt beispielsweise die zunehmende Sensibilisierung der Konsumenten für gesunde, naturbe-

13 Pümpin, C./Amann, W. (2005).

lassene Nahrungsmittel aus fairem Handel ein interessantes Nutzenpotenzial dar. Unternehmen, die dieses Potenzial erschließen wollen, bieten daher entsprechende Bio- und Fairtrade-Produkte z. B. mit dem Label »Max Haavelar«[14] an.

### Multiplizieren erfolgreicher Geschäftstätigkeiten

Die Bedeutung der Multiplikation wurde schon auf Seite 43 ff. dargelegt. Das Prinzip besteht darin, erfolgreiche Prozesse und Systeme konsequent zu multiplizieren. Durch Lerneffekte und stetige Verbesserungen werden die Prozesse rationeller und rentabler. Mit anderen Worten: Was erfolgreich funktioniert, wird immer wieder angewendet. Obwohl die Vorteile der Multiplikation von Prozessen auf der Hand liegen, werden diese Möglichkeiten in Unternehmen oft nur mangelhaft genutzt. Ein klassisches Beispiel für erfolgreiche Multiplikation ist McDonalds. Weltweit sind alle Restaurants gleich gestaltet. Aber auch Werbekampagnen wie »I'm lovin' it« werden bei McDonalds multipliziert und weltweit eingesetzt.

**Exkurs**

**Erfahrungskurve**

Die *Erfahrungskurve* besagt, dass die (realen) Stückkosten konstant sinken, wenn sich die kumulierte Ausbringungsmenge (Produktionsmenge) erhöht. Bei einer Verdoppelung der kumulierten Ausbringungsmenge sinken die Kosten um 20–30 %. Hohe Marktanteile generieren große Ausbringungsmengen. Durch den Effekt der Erfahrungskurve sinken die Kosten, was dem Unternehmen Wettbewerbsvorteile verschafft.
Auch bei der Multiplikation von Prozessen und Systemen nutzt ein Unternehmen diese Vorteile.

### Differenzierung

Das Prinzip der Differenzierung besagt, dass Unternehmungen, die sich stark von ihren Konkurrenten unterscheiden, größere Erfolgsaussichten haben. Wer das Gleiche macht wie andere, den braucht es nicht. Jedes Unternehmen sollte daher bestrebt sein »anders« zu sein und ein eigenes, unverkennbares Profil zu entwickeln. Es ist die spezifische Einzigartigkeit, die ein Unternehmen von anderen abhebt. Wie auf S. 35 ff. dargelegt wurde, gibt es verschiedene Differenzierungsmöglichkeiten. Einzigartig können z. B. die Qualität der Produkte, das Image oder die Beratung sein. Marken sind hervorragend geeignet, Leistungen und Produkte gegenüber denen der Konkurrenz abzugrenzen bzw. zu differenzieren. Beispiel: Drei Streifen und der Schriftzug machen es klar, dies ist in Produkt von Adidas.

14 Die Max Havelaar-Stiftung in der Schweiz zeichnet mit ihrem Gütesiegel Produkte aus, welche nach den internationalen Standards für fairen Handel produziert und gehandelt wurden.

### Effizienz

Jede Unternehmung strebt danach, die Leistungen wirtschaftlich zu erbringen. Was ein Unternehmen tut, sollte es daher mit größter Effizienz tun. Im Zentrum stehen eine hohe Produktivität und eine wettbewerbsfähige Kostenstruktur. Ein guter Gradmesser, um die Leistungsfähigkeit des Unternehmens zu messen, ist ein Vergleich mit dem Besten der Branche (siehe Exkurs Benchmark). Benchmarking ist eine ideale Lernplattform und ein effektiver Weg, externes, praxiserprobtes Wissen in das eigene Unternehmen zu integrieren.

**Exkurs**

**Benchmark**

Als Benchmarking bezeichnet man die Orientierung an den Besten einer vergleichbaren Gruppe. Synonym wird auch der Begriff »Best Practices« (wörtlich: *bestes Verfahren*) verwendet. Man vergleicht dazu beispielsweise die Kostenstruktur des Unternehmens mit derjenigen des Kostenführers in der Branche. Dadurch erhält man wichtige Aufschlüsse für Verbesserungen und Optimierungen.

### Richtiges Timing

Eine Strategie hat dann Aussicht auf Erfolg, wenn sie zum richtigen Zeitpunkt kommt, d.h. dann, wenn die Zeit dafür reif ist, also nicht zu früh und nicht zu spät. Die zentralen Fragen dabei sind: Kommen wir mit unserer Strategie »just in time«? Können wir sie auch zeitgerecht realisieren? Ist der Markt reif für unsere (neuen) Produkte? Angesichts der kürzer werdenden Produkt- und Markt-Lebenszyklen kann ein falsches Timing verheerende Folgen haben.

Beispiel: Bereits Mitte der achtziger Jahre des vorigen Jahrhunderts entwickelten Citroën, VW und andere Hersteller das 3-Liter-Auto. Trotz großer Bemühungen und staatlicher Subventionen konnten die Autofahrer aber nicht davon überzeugt werden, sich ein solches Fahrzeug zu kaufen. Offensichtlich kam das Produkt zu früh auf den Markt. Anders sieht es heute aus: Energiesparende Fahrzeuge erfreuen sich großer Nachfrage.

### Konzentration der Kräfte

Wer zu viele Hasen jagt, fängt meistens keinen. Das Prinzip der Konzentration der Kräfte besagt, dass die Ressourcen zu bündeln und die Kräfte auf wenige Bereiche zu fokussieren sind. Nur so kann Wirkung entfaltet werden. Ein Unternehmen kann sich auf bestimmte Produkte und Leistungen, auf ausgewählte Kundensegmente oder bestimmte Unternehmensfunktionen wie Marketing, Forschung und Entwicklung oder Verkauf konzentrieren.

### Ausnutzen von Stärken und Synergien

Eine erfolgreiche Strategie baut auf den eigenen Stärken auf und nutzt Schwächen der Konkurrenz aus. Es lohnt sich i.d.R. nicht, den Gegner dort anzugreifen, wo er stärker ist. In der Strategieentwicklung ist zu prüfen, welche Stärken erfolgversprechend weiter aufgebaut werden können.

Dem Grundsatz der Synergie kommt besonders bei einer Expansion oder beim Einstieg in neue Tätigkeitsgebiete Bedeutung zu. Der Synergie liegt die Überlegung zugrunde, dass durch Zusammenführen von zwei oder mehreren unternehmerischen Aktivitäten das Ganze größer ist als die Summe der einzelnen Teile. Treffend beschrieben wird dies mit der Formel 2 + 2 = 5. So bietet das Subaru-Autohaus »Am Kraftwerk« in Bexbach (www.subaru-saar.de) zusätzlich zum klassischen Sortiment (Neu- und Gebrauchtwagenhandel, Werkstattleistungen) auch das Leihwagengeschäft und Versicherungsleistungen an. Cross-Selling und erhöhte Kundenbindung stehen für 2 + 2= 5.

#### Abstimmen von Zielen, Mitteln und Risiken

Unternehmensstrategien lassen sich nur dann erfolgreich realisieren, wenn die gesetzten Ziele und die vorhandenen Mittel sorgfältig aufeinander abgestimmt werden. Die richtige Abschätzung von Zielen und erforderlichem Mitteleinsatz ist letztlich eine Frage der Risikobeurteilung. Eine erfolgreiche Unternehmensführung wägt die mit einer Strategie verbundenen Risiken sorgfältig ab und trifft gegebenenfalls Maßnahmen zur Risikoverminderung oder zum Risikoausgleich. Zahlreiche mittelständische Autohäuser befürchten die Abhängigkeit von einer Herstellermarke. Dieses Argument hat beispielsweise das Autohaus Eimansberger in Sonthofen (www.eimansberger.de) bereits vor Jahren dazu bewogen, das Stammangebot der Marke Subaru mit einem weiteren Angebot der Marke Hyundai zu ergänzen. Die Markenprofile erweisen sich weitgehend als komplementär, weswegen »Kannibalismus-Effekte« nur selten auftreten.

#### Erfolgreiche Strategien motivieren

Eine Strategie wird von Menschen getragen und realisiert. Eine erfolgreiche Umsetzung hängt deshalb davon ab, ob es gelingt, die Mitarbeiter für die Strategie zu gewinnen und zu begeistern. Die Chancen dazu stehen gut, wenn die Ziele klar sind und alle wissen, wohin die Reise geht. Das setzt voraus, dass die Mitarbeiter die Strategie kennen und entsprechend informiert werden. Das gemeinsame Ziel, das Entwickeln eines verbindenden »Wir-Gefühls« und eine einheitliche Unité de doctrine sind für den Erfolg von fundamentaler Bedeutung. Hier sei nochmals auf die Vorteile der Strategieerarbeitung im Team hingewiesen. Motivierte und engagierte Führungskräfte sind die besten Promotoren für die Strategie.

## Strategische Suchfelder durchforsten

Für die Entwicklung einer Strategie gibt es verschiedene Ansatzpunkte und Möglichkeiten. Im Folgenden werden verschiedene strategische Suchfelder vorgestellt.

### Besser, schneller, billiger

Besser, schneller und billiger sind die drei strategischen Grunddimensionen. Der Kunde kauft ein Produkt, weil es entweder besser, billiger oder schneller verfügbar ist. In allen drei Fällen bietet das Produkt dem Kunden einen spezifischen Nutzen. Bei »besser« ist es ein Leistungsvorteil, bei »schneller« ein Zeitvorteil und bei »billiger« ein Preisvorteil. Es sind diese Leistungsvorteile, die schließlich zum Kauf des Produkts führen, wenn auch aus ganz unterschiedlichen Gründen.

Wie beim Prinzip der Differenzierung bereits ausgeführt wurde, bietet die Strategie »besser« viele Ansatzpunkte. In der Strategie »schneller« steht die schnelle Verfügbarkeit im Vordergrund. Gelingt es einem Unternehmen, nachhaltig schneller zu sein als die Konkurrenz, verschafft es sich Wettbewerbsvorteile. Der Kunde ist auch meist bereit, für eine schnelle Lieferung einen Mehrpreis zu bezahlen.

Die Strategie »billiger« ist für kleine und mittlere Unternehmen schwieriger zu realisieren, da sie voraussetzt, dass ein Unternehmen ausreichend große Mengen absetzen kann, um von Skaleneffekten profitieren zu können. Dieser Strategieansatz ist daher für kleine und mittlere Unternehmen aufgrund ihrer beschränkten Größe meist ungeeignet. Die Billigstrategie ist noch aus einem weiteren Grund problematisch: Es kann nur einer der Billigste sein. So besteht die Gefahr, dass ein Kunde abspringt, sobald er einen noch billigeren Anbieter gefunden hat. Bei der heutigen Preistransparenz ist das schnell passiert. Im Internet kann in Preissuchmaschinen für Reisearrangements, Flüge, Unterhaltungselektronik und zahlreiche andere Produkte per Mausklick bequem das günstigste Angebot ermittelt werden.

Ist ein Produkt weder besser, noch billiger, noch schneller verfügbar, ist es für den Kunden wenig attraktiv. Ein Unternehmen, das keinen dieser Vorteile bieten kann, ist in einer schwierigen Lage (Abbildung 39). Die U-Kurve zeigt modellhaft die Auswirkungen der verschiedenen Strategien auf den Markterfolg eines Unternehmens. Erfolgreich ist, wer sich durch Leistungsvorteile differenziert oder einen Preisvorteil bietet. Unternehmen, die weder über das eine noch das andere verfügen, fallen gleichsam »zwischen die Stühle« (stuck in the middle).

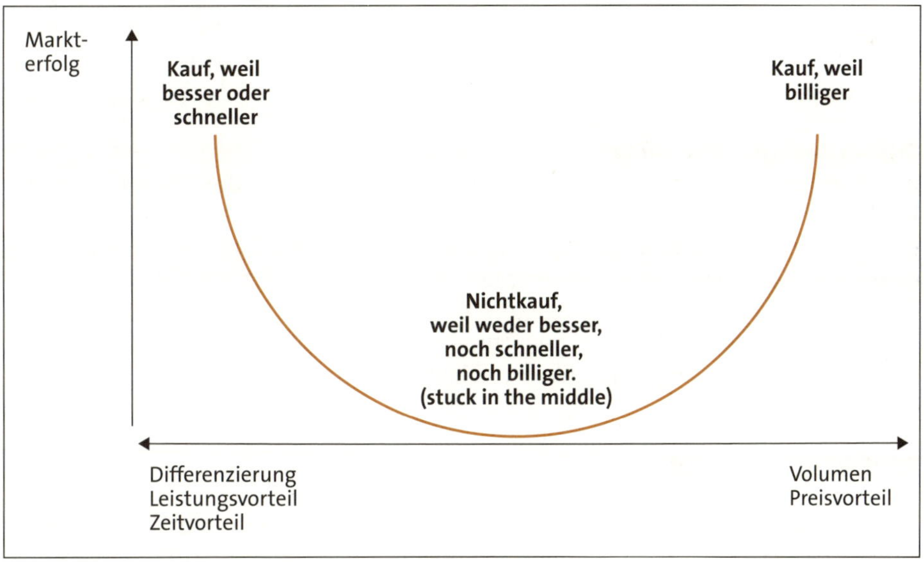


Abbildung 39: U-Kurve, in Anlehnung an Porter[15]

15 Müller-Stewens, G./Lechner, Ch. (2005).

Beispiele: Einzelhändler und Discounter wie Aldi, Lidl oder Denner sind Anbieter, die sich klar über den Preis positionieren. Während sich Premiummarken wie Rolex oder BMW über Image und Qualität differenzieren.

## Marktsegmentierung

*Den* Kunden gibt es nicht! Jeder ist anders und hat seine spezifischen Bedürfnisse. »Allen Leuten Recht getan, ist eine Kunst, die niemand kann.« Die Kunden über einen Leisten zu schlagen, ist heute kein erfolgversprechender Ansatz mehr.

Mit der Segmentierung des Marktes wird der Gesamtmarkt in verschiedene homogene Teilmärkte bzw. Marktsegmente aufgeteilt. Die Individuen eines bestimmten Marktsegments sollten sich dabei weitgehend ähnlich sein, das gleiche Kaufverhalten zeigen und sich gegenüber anderen Segmenten klar abgrenzen. Marktsegmentierung ermöglicht es dem Unternehmen, Märkte differenziert zu bearbeiten und Kunden gezielt anzusprechen.

Die Segmentierung kann dabei nach unterschiedlichen Kriterien erfolgen.
- Geografisch: nach Nationalität, Region, Bevölkerungsdichte, Klima
- Demoskopisch: nach Alter, Geschlecht, Haushaltsgröße, Einkommen, Beruf, Nationalität, Konfession, Ausbildung
- Psychografisch: nach Persönlichkeitseigenschaften, Werthaltungen, Einstellungen, Gewohnheiten usw.
- Verhaltensorientiert: nach Kaufverhalten, Verwendungsintensität, Informationsverhalten, Mediennutzung usw.

Es sind auch weitere Kriterien und Kombinationen verschiedener Kriterien möglich. Kundensegmentierung ist ein wirksames Instrument, um Kunden bedürfnisgerecht anzusprechen.

### Organisatorische Einbindung

Im Unternehmen werden die segmentierten Märkte bzw. die Produkt-Kunden-Markt-Kombinationen organisatorisch häufig in strategischen Geschäftsfeldern (SGF) verankert (Abbildung 22). SGF sind teilautonome Bereiche des Unternehmens, welche in den segmentierten Märkten mit differenzierten Wettbewerbsstrategien teilweise selbstständig agieren können. SGF haben eine klar definierte Marktaufgabe mit Ergebnisverantwortung. Jede SGF hat wie ein Profitcenter dem Unternehmen einen eigenständigen Erfolgsbeitrag zu liefern.

## Produkt-/Markt-Matrix

Eine Übersicht über Expansionsstrategien bei Produkten und Märkten bietet die Matrix nach Ansoff. Darin werden vier mögliche Produkt-/Markt-Kombinationen dargestellt (Abbildung 40).

| | Gegenwärtige Produkte | Neue Produkte |
|---|---|---|
| Gegenwärtige Märkte | **Marktdurchdringung**<br>▪ Intensivierung Marktbearbeitung<br>▪ Kosten-/Preissenkung | **Produktentwicklung**<br>▪ Neue Produkte/Produktlinien<br>▪ Neue Dienstleistungen<br>▪ Problem- und Systemlösungen |
| Neue Märkte | **Marktentwicklung**<br>▪ Marktausweitung<br>▪ Neue Kunden | **Diversifikation**<br>▪ Neue Produkte für neue Märkte |

Abbildung 40: Produkt-/Markt-Matrix nach Ansoff[16]

### Marktdurchdringung

Diese Strategie zielt darauf ab, den Marktanteil bei den gegenwärtig angebotenen Produkten in den bestehenden Märkten zu erhöhen. Das ist durch die Steigerung des Absatzes bei bestehenden und/oder durch die Gewinnung neuer Kunden möglich. Die Strategie bedingt eine Intensivierung der Marktbearbeitung, wozu entsprechende Marketingkompetenz benötigt wird. Diese Strategie birgt nur ein geringes Risiko in sich. Die Wachstumschancen sind jedoch oft ebenfalls gering. Je gesättigter ein Markt ist, desto schwieriger wird es, mit einer Marktdurchdringungsstrategie weiteres Wachstum zu generieren.

### Produktentwicklung

Bei der Produktentwicklung soll Wachstum durch Innovationen bzw. neue Produkte in den bestehenden Märkten oder durch zusätzliche Produktvarianten generiert werden. Die Produktentwicklungsstrategie setzt voraus, dass im Unternehmen die nötige Innovationskompetenz vorhanden ist. Da bei Produktinnovationen immer die Gefahr von Flops besteht, ist diese Strategie mit höheren Risiken verbunden als die der Marktdurchdringung.

### Marktentwicklung

Das Unternehmen versucht hier, für die bereits bestehenden Produkte neue Kundensegmente und/oder weitere geografische Regionen im Binnenmarkt oder neue Märkte im Ausland zu erschließen. Diese Strategie ist vor allem für Unternehmen geeignet, deren Kernkompetenzen auf die Produkte ausgerichtet sind. Die Expansion in neue Märkte ist aber mit erheblichen Risiken verbunden, die ebenfalls größer sind als bei der Marktdurchdringung.

### Diversifikation

Diversifikation zielt darauf ab, mit neuen Produkten neue Märkte zu erobern. Man unterscheidet dabei drei Arten:

1. *Horizontale Diversifikation:* Das bestehende Leistungsangebot wird mit Produkten oder Dienstleistungen erweitert, die sachlich in einem Zusammenhang mit den bestehenden Leistungen stehen. Dies ist z. B. der Fall, wenn ein Möbelhersteller für den Heimbereich neu auch Büromöbel produzieren würde.

16 Harry Igor Ansoff (1918–2002), russischer Mathematiker und Wirtschaftswissenschaftler.

2. *Vertikale Diversifikation:* Das Leistungsangebot wird in der Wertschöpfungskette entweder in Richtung Absatz (Vorwärtsintegration) oder in Richtung Herkunft der Produkte (Rückwärtsintegration) erweitert. Unser Möbelhersteller würde in diesem Fall beispielsweise einen Betrieb in der Holzindustrie kaufen oder seine Produkte in eigenen Läden im Direktverkauf anbieten.
3. *Laterale Diversifikation:* Bei dieser Form gibt es keinen Zusammenhang mehr mit dem bestehenden Geschäft. Das Unternehmen wagt sich dabei in fremde, völlig unbekannte Geschäftsfelder. Im Beispiel des Möbelherstellers wäre dies der Fall, wenn dieser neu auch mit Immobilien handeln würde.

Die Diversifikation, vor allem die laterale, ist von den vier Strategien die mit Abstand risikoreichste. Sie ist nur in gut begründeten Fällen und bei überdurchschnittlichen Renditeaussichten zu empfehlen.

## Marketingstrategien

Um im Markt vorhandene Potenziale nutzen zu können, benötigen Unternehmen spezifische Kompetenzen. Einerseits, um neue Potenziale erschließen zu können (Innovation), andererseits um bereits erschlossene Potenziale weiter auszuschöpfen (Persistenz[17]). Innovation und Persistenz können auf Leistungen und auf Kunden ausgerichtet sein. Die Zusammenhänge sind in Abbildung 41 dargestellt. Wie daraus ersichtlich ist, lassen sich vier Marketingstrategien ableiten, für deren

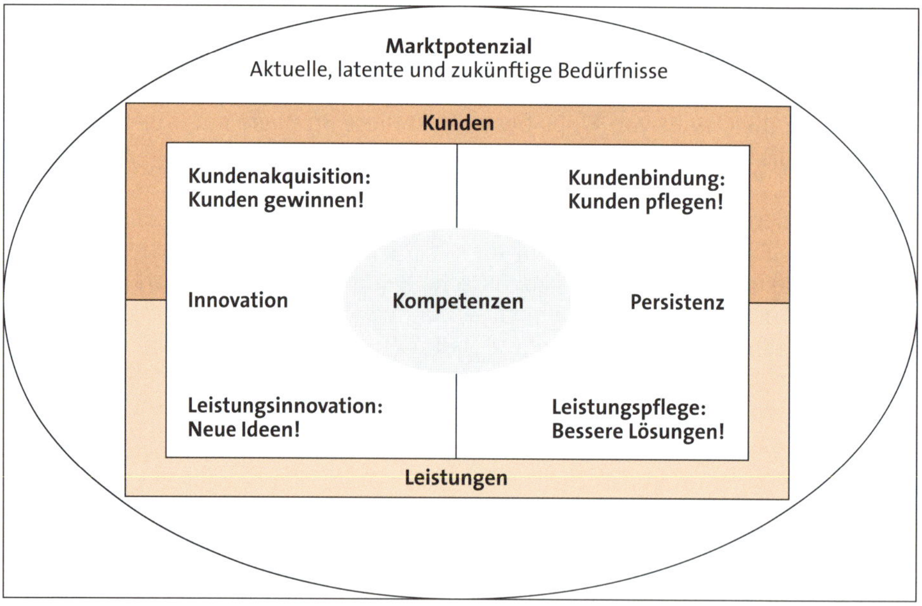


Abbildung 41: Marketing-Strategie modifiziert nach Kuss/Tomczak[18]

17 Persistenz: Beharrlichkeit, Beständigkeit, Ausdauer
18 Kuss, A./Tomczak, T.: (2002).

erfolgreiche Umsetzung jeweils unterschiedliche Kompetenzen benötigt werden. Diese werden im Folgenden anhand von Beispielen dargelegt (siehe auch Abbildung 42).

### Kundenakquisition

Ziel dieser Strategie ist es, Neukunden für bestehende Produkte und Leistungen zu gewinnen. Ein Beispiel dazu ist die erfolgreiche Einführung des iPhones im Schweizer Markt. Durch eine von Apple meisterhaft beherrschte glamouröse Inszenierung des Produkts konnte das iPhone innerhalb kurzer Zeit in hohen Stückzahlen verkauft werden.

Benötigte Kompetenz: Fähigkeit, neue bisher nicht erreichte Kundensegmente erfolgreich zu akquirieren.

### Kundenbindung

Ein Beispiel für Kundenbindung ist die Kundenkarte »Cumulus« von Migros, dem Marktführer im Schweizer Einzelhandel. Die Cumuluskarte wird bei jedem Einkauf an der Kasse eingelesen. Sämtliche Einkäufe des Kunden werden dann erfasst und registriert. Als Benefit erhält der Kunde dafür periodisch Einkaufsgutschriften in Abhängigkeit des getätigten Einkaufsvolumens. Migros will dadurch die Kundentreue und den Umsatz pro Kunde erhöhen. Zusätzlich kann das Einkaufverhalten der Kunden genau analysiert werden. Dem Kunden können so maßgeschneiderte Angebote unterbreitet werden.

Benötigte Kompetenz: Fähigkeit, bestehende Kunden optimal zu pflegen und langfristig zu binden.

### Leistungsinnovationen

Ein typischer Leistungsinnovator ist die Firma 3M, der es immer wieder gelingt, neue, innovative Produkte auf den Markt zu bringen. Ein klassisches Beispiel dafür sind die überall verwendeten Klebezettel Post-it. Innovation hat bei 3M Tradition, bereits in den zwanziger Jahren des letzten Jahrhunderts entwickelte 3M die bekannten Scotch-Klebebänder, die heute noch weltweit verbreitet sind.

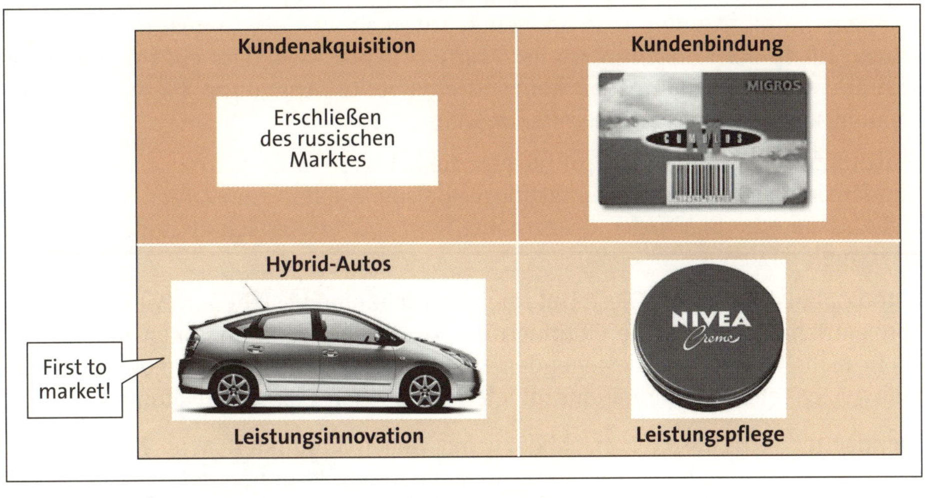


Abbildung 42: Übersicht und Beispiele Marketing-Strategien

Benötigte Kompetenz: Fähigkeit, neue Leistungen zu entwickeln und gewinnbringend zu vermarkten.

### Leistungspflege

Ein Champion in der Leistungspflege ist Nivea. Dem Unternehmen ist es meisterhaft gelungen, aus dem Urprodukt Nivea-Crème in der runden, blauen Dose ein mittlerweile riesiges Angebot an Gesichts-, Körperreinigungs- und -pflegeprodukten für Frauen, Männer und Kinder aufzubauen. Dabei gelang es Nivea, das positive Image und das Vertrauen, das die Kunden in die Marke aufgebaut haben, auf die einzelnen Produkte zu transferieren. Der Imagetransfer erleichtert die Markteinführung neuer Produkte und fördert den Absatz.

Benötigte Kompetenz: Fähigkeit, bestehende Leistungen optimal zu pflegen und erfolgreich weiter zu entwicklen.

**Exkurs**

**First to Market**

Über einen Wettbewerbsvorteil verfügt, wer als Erster ein Produkt oder eine Leistung auf den Markt bringt.

Beispiel Airbag:

- General Motors bringt 1974 den ersten Airbag, das Air Cushion Restraint System (ACRS), auf den Markt und sichert sich dadurch temporär einen wichtigen Wettbewerbsvorteil. Mittlerweile sind (mehrere) Airbags standardmäßig in jedes Auto eingebaut.

Beispiel Energy Drinks:

- Red Bull importierte die Idee des Energy Drinks von Thailand nach Europa und wurde damit Ende der 1980er-Jahre durch geschicktes Marketing in der alternativen Jugend- und Club-Szene (Techno, Mountain Biking, Snowboarding) sehr erfolgreich.

## Kernaufgabenprofile

Der Aufbau von Kompetenzen ist aufwendig und beansprucht Ressourcen. Kompetenzen müssen zudem laufend weiterentwickelt werden. Gemäß dem strategischen Prinzip der Konzentration der Kräfte bedeutet dies, dass ein Unternehmen sich auf wenige Kernaufgaben konzentrieren sollte. Abbildung 43 zeigt die vier idealtypischen Kernaufgabenprofile im Marketing.

**Multiplizierer** – In diesem Profil liegen die Schwerpunkte auf den Instrumenten Kundenakquisition und Leistungspflege. Beispiele dafür sind Unternehmen wie McDonald's oder Starbucks, die erprobte Konzepte erfolgreich an anderen Standorten multiplizieren.

**Potenzialausschöpfer** – Diese Unternehmen schöpfen bestehende Potenziale aus, konzentrieren sich auf die Optimierung von Marketingmaßnahmen und versuchen, mehr Umsatz mit bestehenden Kunden zu generieren. Beispiel: Swisscom (Schweizer Telekommunikationsanbieter) im Bereich Festnetz-Telefonie.

**Trendsetter** – Trendsetter erschließen mit neuen Produkten neue Märkte. Beispiele dafür sind Mobilfunkanbieter, die neue Kundengruppen mit neuen Produkten ansprechen.

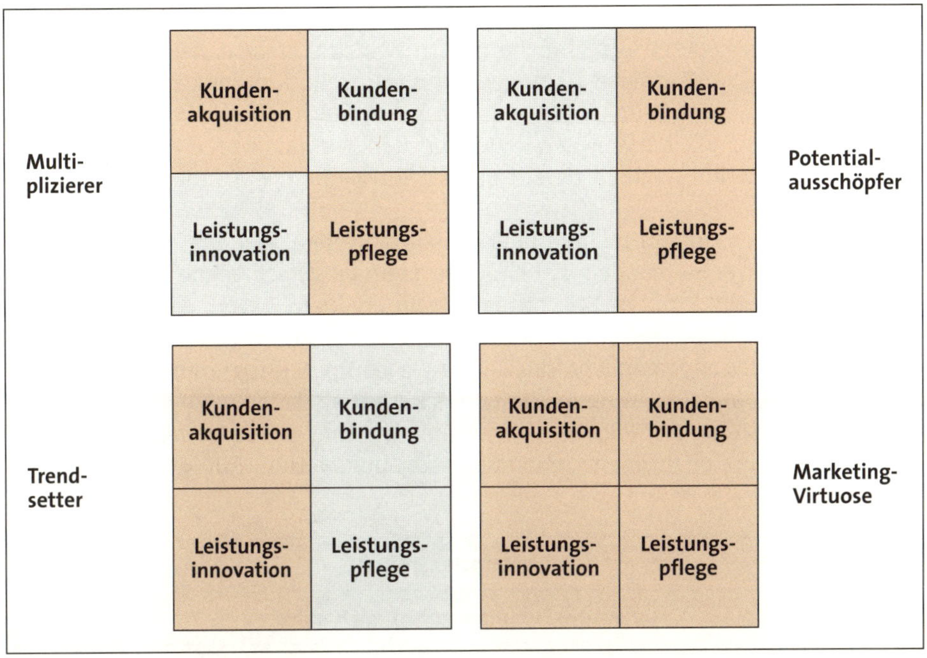


Abbildung 43: Kernaufgabenprofile im Marketing[19]

**Marketing-Virtuose** – Marketing-Virtuosen sind »Hans-Dampf-in-allen-Gassen«. Sie entwickeln laufend neue Produkte und erschließen mit bestehenden und neuen Produkten neue Märkte und neue Kundensegmente. Beispiel: Swatch ist nicht nur ein weltweit führender Uhrenhersteller, sondern auch erfolgreich in der Automobilbranche und in der Telekommunikation tätig.

Gleichzeitig in allen Kernaufgaben gut zu sein, ist ein schwieriges Unterfangen, das nur wirklichen Marketing-Champions gelingt. Es empfiehlt sich deshalb meistens, sich auf die Aufgaben zu konzentrieren, in denen das Unternehmen seine gewachsenen Stärken hat.

## Systemintegration durch Leistungssysteme

In gesättigten Märkten gleichen sich Produkte zunehmend an. Für den Kunden sind Leistungsunterschiede oft kaum mehr wahrnehmbar. Im Grunde genommen kommt es nicht mehr drauf an, ob der Kunde Produkt A oder B kauft; die Leistungen sind austauschbar geworden. Wo aber kein Unterschied mehr besteht, wählt der Kunde natürlich das billigste Angebot.

Unternehmen versuchen deshalb, ihre Leistungen zu differenzieren, um diese gegenüber anderen abzugrenzen. Ein Instrument dazu sind Leistungssysteme.

19 Kuss, A./Tomczak, T./Reinecke, S. (2007).

Deren Idee besteht darin, nicht nur »nackte Produkte« anzubieten, sondern diese mit einem Zusatznutzen »anzureichern«. Im Zentrum steht dabei der Systemgedanke. Ziel ist es, integrierte Lösungen für spezifische Kundengruppen anzubieten. Leistungen werden dabei strukturiert, gebündelt und auf die Wünsche des Kunden ausgerichtet. Leistungssysteme sind daher kunden- und nicht angebotsorientiert. Sie zielen letztlich darauf ab, die Probleme des Kunden umfassender und besser zu lösen.

Abbildung 44 zeigt ein mehrstufiges Leistungssystem. Um ein Produkt für den Kunden attraktiver zu machen, hat ein Unternehmen verschiedene Möglichkeiten. So kann ein Produkt mit einem Produktsystem ergänzt werden. Apple hat diesen Ansatz beim iPod und iPhone verwendet. Die beiden Geräte sind in ein System eingebunden, das es ermöglicht, die Geräte via Computerprogramm zu verwalten. Im Weiteren können Programme und Songs heruntergeladen werden. Eine andere Möglichkeit besteht darin, Produkte mit Dienstleistungen wie Anwenderschulung, Seminare, Hotline oder einen Online-Support aufzuwerten. Ein interessanter An-

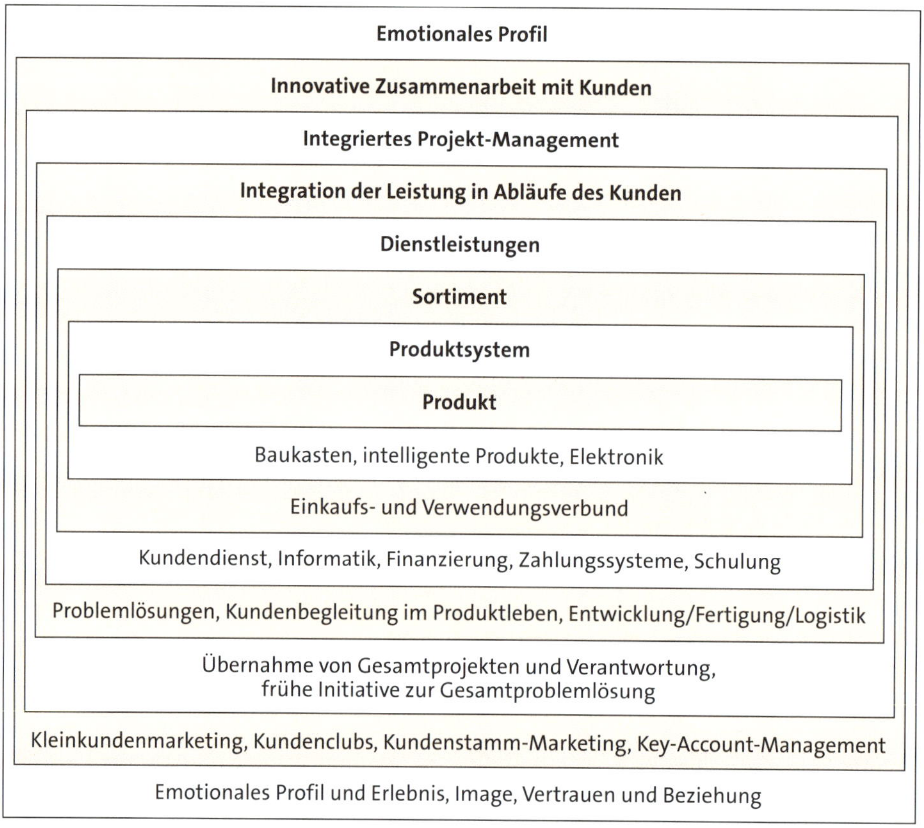


Abbildung 44: Übersicht Leistungssysteme, in Anlehnung an Belz et. al.[20]

20 Belz et. al. (1991).

satz ist auch, die Leistung in die Abläufe des Kunden zu integrieren bzw. mit ihnen zu verzahnen. So übernimmt z. B. ein Lieferant die Lagerbewirtschaftung seines Kunden, indem er mit der Lagerverwaltung des Kunden online verbunden ist. Sinkt der Lagerbestand beim Kunden auf eine Mindestmenge, wird ohne Zutun des Kunden die Nachlieferung ausgelöst. Auf diese Weise kann der Kunde stärker an das Unternehmen gebunden werden.

**Exkurs**

**Emotionalisierung**

Ein erfolgversprechender Ansatz, sich von der Konkurrenz abzugrenzen, ist die Emotionalisierung. Das gilt nicht nur für große Marken, sondern auch für kleine und mittlere Unternehmen. Werden Unternehmen und Angebote zusammen mit emotionalen Reizen dargestellt, entsteht beim Werbeempfänger ein inneres Gedächtnisbild. Unternehmen und Produkte werden auf diese Weise »emotional aufgeladen«. Geeignet sind dazu aktivierende Themen wie Liebe, Familie, Kinder, Heldentum, Bergsteigen, Abenteuer usw. Das klassische Beispiel dazu ist Marlboro. Der Marke ist es meisterhaft gelungen, das Gefühl »Freiheit und Abenteuer« emotional zu besetzen. Sieht man den Cowboy in der romantischen Wild-West-Szenerie, denkt man zwangsläufig an Marlboro.

## Portfolio-Strategien

Die Portfolio-Matrix wurde im Kapitel Analyse (siehe S. 36 ff.) bereits besprochen. Das Ist-Portfolio des Unternehmens zeigt, in welchen Feldern (Abbildung 45) die gegenwärtigen Produkte des Unternehmens positioniert sind. Idealerweise verfügt ein Unternehmen über einen ausgewogenen Produktmix in den Feldern »Fragezeichen«, »Stars« und »Melkkühe«.

Abbildung 45: Portfolio-Matrix

Aus strategischer Sicht ist nun zu prüfen, ob das Unternehmen mit den gegenwärtigen Angeboten zukunftsfähig ist. Die zentrale Frage dabei ist, mit welchen Produkten das Unternehmen *in Zukunft* Geld verdienen will. Die »Melkkühe« sind zwar die Cash-Generatoren im Unternehmen und bestimmen maßgeblich den gegenwärtigen Erfolg. Hat ein Unternehmen jedoch keine Produkte in den vorgelagerten Feldern, muss es sich ernsthaft Gedanken um die Zukunft machen. Wie wir bei der Lebenszykluskurve (vgl. S. 36 ff.) gesehen haben, muss ein Unternehmen auch Neues in der Pipeline haben, es braucht daher zwingend auch Produkte in den Feldern »Fragezeichen« und »Stars«.

## Strategische Suchfelder im Überblick

Um die Übersicht zu erleichtern, sind die strategischen Suchfelder im Folgendem zusammengefasst.

### Die drei strategischen Grunddimensionen: Besser, schneller, billiger

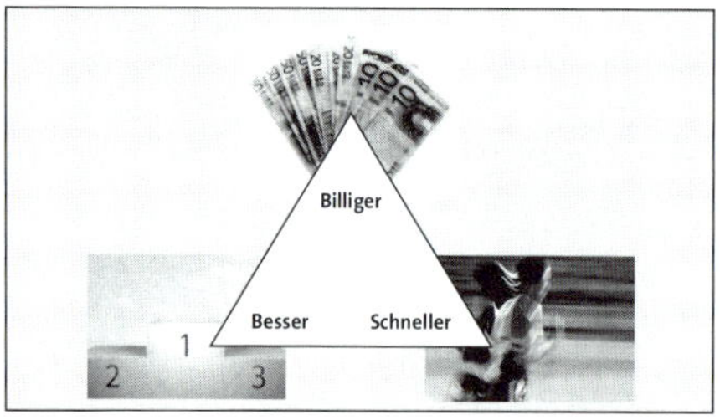


Leistungen und Produkte differenzieren sich über Qualitätsmerkmale, den Preis oder die schnelle Verfügbarkeit.

### Marktsegmentierung

| | | |
|---|---|---|
| **Unsere Kernkompetenzen**<br>Wir haben die Fähigkeit,<br>▪ attraktive Standorte zu besetzen,<br>▪ flexiblen Lieferservice zu vertretbaren Preisen zu bieten,<br>▪ hochwertige Produkte in angenehmem Ambiente anzubieten. | | |
| **SGF 1:**<br>Ladengeschäft, 40 % | **SGF 2:**<br>Liefergeschäft, 40 % | **SGF 3:**<br>Café/Tea-Room, 20 % |
| **Kunden/Branchen** | | |
| Back-, Konditorei- und Confiserie-Produkte, | gleiches Sortiment wie SGF 1, Backwaren-lastig, teils gefrorene Teiglinge | gleiches Sortiment wie SGF 1 |
| **Geografische Märkte** | | |
| lokal an acht Standorten | regionaler Markt, Großraum Dielsdorf | Lokal, wie SGF 1 |

Der Gesamtmarkt wird in homogene Teilmärkte aufgeteilt, die differenziert bearbeitet werden.

### Produkt-/Marktmatrix

| | Gegenwärtige Produkte | Neue Produkte |
|---|---|---|
| Gegenwärtige Märkte | **Marktdurchdringung**<br>▪ Intensivierung Marktbearbeitung<br>▪ Kosten-/Preissenkung | **Produktentwicklung**<br>▪ Neue Produkte/Produktlinien<br>▪ Neue Dienstleistungen<br>▪ Problem- und Systemlösungen |
| Neue Märkte | **Marktentwicklung**<br>▪ Marktausweitung<br>▪ Neue Kunden | **Diversifikation**<br>▪ Neue Produkte für neue Märkte |

Wachstum oder Expansion kann über die vier Strategien Marktdurchdringung, Produktentwicklung, Marktentwicklung oder Diversifikation erfolgen. Die einzelnen Strategien sind mehr oder weniger risikoreich.

### Marketing-Strategien

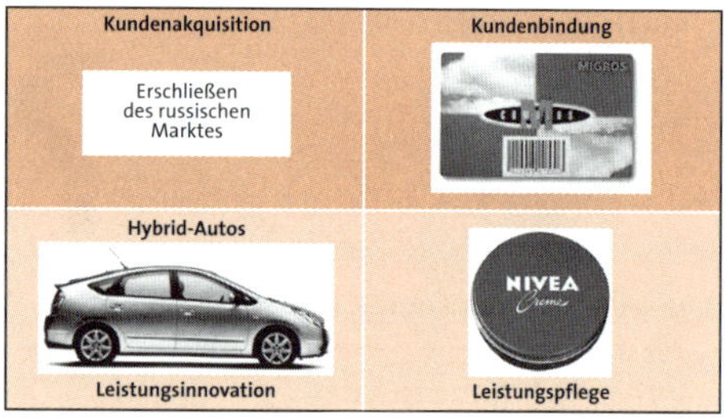


Mit den vier Marketingstrategien werden verschiedene Kunden- und Leistungspotenziale ausgeschöpft. Jede Strategie benötigt jeweils spezifische Kompetenzen.

**Leistungssysteme**

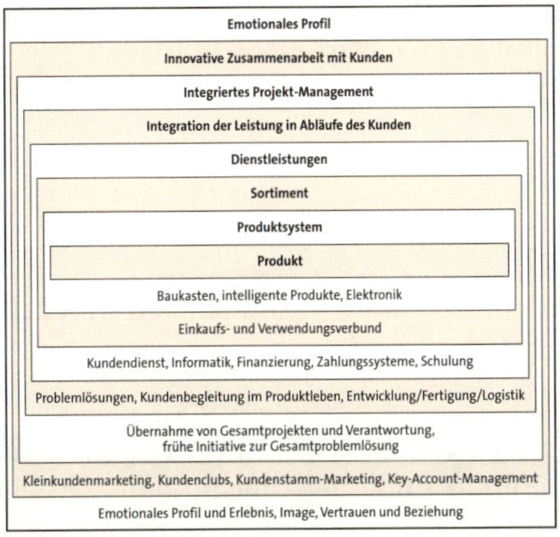


Leistungssysteme zielen darauf ab, »nackte« Produkte mit Zusatzleistungen anzureichern und dadurch von denen der Konkurrenz abzuheben.

**Portfolio-Matrix**

Die Portfolio-Matrix gibt Ausschluss darüber, in welcher Phase die Produkte des Unternehmens im Lebenszyklus stehen. Sie zeigt, wo das Unternehmen gegenwärtig und in Zukunft ihr Geld verdient bzw. verdienen will.

## Kernkompetenzen festlegen

Kernkompetenzen sind ein zentrales Element jeder Strategie. Der Begriff wird in der Praxis allerdings sehr missverständlich verwendet. Wir definieren Kernkompetenzen als *besondere Fähigkeiten* eines Unternehmens. Diese Kernkompetenzen sind gleichzeitig auch Stärken des Unternehmens. Es gibt aber auch Stärken, die keine Fähigkeiten sind, wie z. B. ein guter Standort oder eine moderne Produktionsanlage. Beides sind ja keine Fähigkeiten an sich, sondern einfach Fakten. Der Standort wird aber dann zu einer Kernkompetenz, wenn ein Unternehmen die Fähigkeit aufgebaut hat, für seine Filialen stets die besten Standorte zu finden, was ja nicht aus heiterem Himmel geschieht, sondern dauerhaft nur durch ein systematisches Vorgehen bei der Standortsuche möglich ist. Am Beispiel von Fremdsprachen lässt sich der Unterschied zwischen Fähigkeit und Stärke gut veranschaulichen. Wenn jemand gut Englisch spricht, ist das keine Fähigkeit, vielleicht nicht einmal eine Stärke, sondern einfach ein Faktum. Eventuell brauchte dieser jemand überdurchschnittlich lange, bis er gut sprechen konnte, was ja darauf hinweisen würde, dass Englisch- oder Sprachen lernen gerade nicht seine Stärke ist. Eine Fähigkeit wird es erst dann, wenn jemand in der Lage ist, Sprachen rasch und in kurzer Zeit zu erlernen (was neben Talent vor allem eine Frage der Methodik ist). Dieser Unterschied ist weder spitzfindig noch trivial und für das Verständnis von Kernkompetenzen sehr bedeutsam. Wir haben weiter vorne ausgeführt, dass Strategien attraktive Nutzenpotenziale ermitteln, für deren Erschließung das Unternehmen spezifische Fähigkeiten benötigt. Wir definieren Kernkompetenzen in Anlehnung an Pümpin[21] daher wie folgt:

21 vgl. Pümpin, C./Amann, Ch. (2005).

**Kernkompetenzen sind spezifische Fähigkeiten eines Unternehmens, die attraktive Nutzenpotenziale erschließen und es ermöglichen, längerfristig überdurchschnittlich erfolgreich zu sein.**

## Ansätze für Kernkompetenzen

Kernkompetenzen oder Fähigkeiten können in den unterschiedlichsten Bereichen ausgebaut werden.

**Bei Produkten und Dienstleistungen:**

- *Fähigkeit*, Kundenbedürfnisse rascher und besser als die Konkurrenz zu erkennen und damit die Sortimente bzw. Produkte und Dienstleistungen schneller den Marktbedürfnissen anpassen zu können.
- *Fähigkeit*, eine hervorragende Kundenberatung und einen überlegenen Kundenservice zu bieten.
- *Fähigkeit*, einen bestimmten Werkstoff in der Herstellung und in der Anwendung oder eine bestimmte Technologie besser zu kennen und zu beherrschen.

**Im Markt:**

- *Fähigkeit*, einen bestimmten Markt bzw. eine bestimmte Abnehmergruppe gezielter und wirkungsvoller als die Konkurrenz zu bearbeiten.
- *Fähigkeit*, in einem Markt ein überlegenes Image (z. B. Qualität) aufzubauen und zu halten.

**Unternehmensfunktionen:**

- *Fähigkeit*, bestimmte Distributionskanäle am besten zu erschließen und zu besetzen.
- *Fähigkeit*, durch laufende Innovationen schneller als die Konkurrenz neue, überlegene Beschaffungsquellen zu erschließen und zu sichern.
- *Fähigkeit*, effizienter und kostengünstiger als die Konkurrenz zu produzieren.
- *Fähigkeit*, die bestqualifizierten Mitarbeiter zu rekrutieren und zu halten.

Im Folgenden haben wir Beispiele von Kernkompetenzen aus unserer Beratungspraxis aufgeführt.

**Beispiele** **Kernkompetenzen in der Unternehmenspraxis**

### Firma LMT, Wallisellen CH

LMT

**Kernkompetenz Image:**
Die Firma LMT ist der führende Anbieter von qualitativ hoch stehenden Produkten und Dienstleistungen für Fitness, Rehabilitation und Sport in der ganzen Schweiz. Durch konsequentes Beziehungsmanagement gelingt es dem Unternehmen, immer wieder neue, trendige Marken und Produkte in sein Programm aufzunehmen. Die Bekanntheit dieser Marken wird gezielt eingesetzt, um das eigene Image aufzubauen.

**Ausformulierte Kernkompetenz:**
Wir wollen die Fähigkeit aufbauen, ständig neue, attraktive Markenprodukte in unser Programm aufzunehmen, den Firmennamen LMT damit bekannt zu machen und dadurch ein überlegenes Image im Markt zu schaffen.

### Hager Handwerkerzentrum

**Kernkompetenz Beratung:**
Das Hager Handwerks-Kompetenzzentrum ist eine typisch mittelständische Unternehmung in der Stadt Zürich, die sich auf Beratung und Vertrieb von Befestigungstechnik im Holz verarbeitenden Gewerbe spezialisiert hat. Die »Beratungskompetenz« wird vor allem durch intensive Personalschulung und – wenn möglich – durch Einstellung von Personal aus der o. g. Branche unterstützt. Seit Einführung des Konzepts wurden deutlich überdurchschnittliche Wachstumsraten realisiert.

**Ausformulierte Kernkompetenz:**
Wir wollen die Fähigkeit aufbauen, unsere Kunden durch Fachwissen, Kompetenz und Freundlichkeit auf überlegene Weise zu beraten.

**CWK, Winterthur CH** – Entwicklung und Herstellung von Kosmetika, Haushalt-Pflegeprodukten und Industrie-Reinigern.

**Kernkompetenz Sortiment:**
CWK ist ein Entwickler und Hersteller von Kosmetika, Haushalt-Pflegeprodukten und Industrie-Reinigern. CWK ist ein Produktionsbetrieb von Coop, produziert jedoch auch für andere Kunden. Mit der im Rahmen der Strategie festgelegten Kernkompetenz »Sortiment« will sich CWK in den kommenden Jahren einen einzigartigen Verkaufsvorteil gegenüber der Konkurrenz aufbauen.

**Ausformulierte Kernkompetenz:**
Wir wollen die Fähigkeit aufbauen, unsere Sortimente zu den wegweisenden und erfolgreichsten im Wettbewerb zu machen.

## Prinzipien zum Aufbau von Kernkompetenzen

Für den Aufbau von Kernkompetenzen sind einige wichtige Prinzipien zu beachten.

**Der Aufbau von Kernkompetenzen benötigt Ressourcen.**

Eine Kernkompetenz aufzubauen gelingt nur, wenn das Unternehmen in diesen Aufbau investiert und die dafür nötigen Ressourcen (Finanzen, Führungskapazität, personelle Ressourcen usw.) bereitstellt.

**Alle Unternehmensbereiche müssen zum Aufbau starker Kernkompetenzen beitragen.**

Will ein Unternehmen z. B. die Kernkompetenz Qualität aufbauen, so bedingt dies Aktivitäten in den verschiedensten Unternehmensfunktionen. Vorab sind vom Management Qualitätsstandards zu definieren, dann müssen die Mitarbeiter geschult, Qualitätssicherungssysteme aufgebaut, die Werbung abgestimmt, die Führungssysteme darauf ausgerichtet werden usw. Nur wenn alle Aktivitäten auf die Kernkompetenz ausgerichtet werden, kann große Wirkung entfaltet werden.

**Es können nur wenige Kernkompetenzen gleichzeitig aufgebaut werden.**

Die Ressourcen in einem Unternehmen sind beschränkt, daher können nur wenige Kernkompetenzen gleichzeitig aufgebaut werden. Damit das Unternehmen seine Kräfte nicht verzettelt, sollte es sich auf den Aufbau von 1–3 Kernkompetenzen beschränken.

**Der Aufbau von Kernkompetenzen braucht Zeit.**

Es ist noch kein Meister vom Himmel gefallen. Der Aufbau von Fähigkeiten benötigt Zeit und geht nicht von heute auf morgen. Auch das richtige Timing ist wichtig. Erfolgt der Aufbau zu spät, hat vielleicht bereits ein Konkurrent diese Kompetenz aufgebaut und besetzt.

**Kernkompetenzen müssen gepflegt werden.**

Der Aufbau von Kernkompetenzen ist nie abgeschlossen. Die Fähigkeit muss gepflegt und weiter entwickelt werden. Dazu müssen dauerhaft Ressourcen bereitgestellt werden.

## Anforderungen an Kernkompetenzen

Der Aufbau von Kernkompetenzen ist aufwendig, es lohnt sich daher, nur solche aufzubauen, die nachhaltig erfolgswirksam sind. Kernkompetenzen müssen somit spezifische Anforderungen erfüllen.

**Sie sollen einzigartig sein.**

Je einzigartiger eine Kernkompetenz ist, desto besser kann sich das Unternehmen im Markt differenzieren und von den Mitbewerbern abheben.

**Sie sollen schwer nachahmbar sein.**

Eine Kernkompetenz, die von der Konkurrenz leicht und rasch kopiert werden kann, ist ungünstig, da sie keine nachhaltigen Vorteile sichert. Vereinfacht kann man sagen: Je länger der Aufbau einer Kernkompetenz dauert, desto größer ist der Schutz vor Kopierern und Nachahmern.

**Sie sollen realisierbar sein.**

Die schönsten Ideen nützen wenig, wenn das Know-how fehlt oder kein Geld für den Aufbau verfügbar ist. Die Voraussetzungen für den Aufbau der Kernkompetenzen müssen im Unternehmen gegeben sein und die notwendigen Ressourcen zur Verfügung stehen.

**Sie sollen einen hohen (Kunden)-Nutzen bieten.**

Die Anstrengungen eines Unternehmens sind letztlich darauf ausgerichtet, die Bedürfnisse der Kunden zu befriedigen. Kernkompetenzen müssen dem Kunden daher einen greifbaren Nutzen bieten.

**Sie sollen einen Beitrag zum Ergebnis leisten.**

Will ein Unternehmen langfristig überleben, muss es einen Gewinn erzielen. Eine Kernkompetenz muss deshalb letztlich dazu beitragen, den Free Cashflow zu steigern.

## Strategievarianten entwickeln

Das Entwickeln von Strategievarianten ist ein kreativer und anspruchsvoller Prozess, in welchen sämtliche bisherigen Ergebnisse und Erkenntnisse einfließen. Aufgrund dieser Komplexität ist ein methodisch sauberes Vorgehen erforderlich. Oft ist es so, dass sich in der Strategieerarbeitung bereits eine bestimmte strategische Stoßrichtung herauskristallisiert hat. Das vereinfacht zwar die Sache, gleichzeitig besteht aber die Gefahr, dass weitere, allenfalls interessantere Strategievarianten nicht mehr in Erwägung gezogen werden. Davor möchten wir ausdrücklich warnen.

Es empfiehlt sich, immer mindestens zwei Strategievarianten zu skizzieren. Auf diese Weise wird der Blickwinkel nicht frühzeitig eingeengt. Die Varianten müssen nicht im Detail ausgearbeitet werden; es genügt, die Kernpunkte der Strategie in Stichworten festzulegen. Gleichzeitig ist für jede Variante die finanzielle Perspektive einzuschätzen.

Im Folgenden erläutern wir kurz das Vorgehen zur Erarbeitung von Strategievarianten.

### Nutzenpotenziale festlegen

Die Grundlage für diesen Schritt ist das Nutzenpotenzial-Profil in Abbildung 30 auf Seite 43. Aus dieser Analyse sind zwei zentrale Fragen zu beantworten:

- Welche Nutzenpotenziale könnten in Zukunft erschlossen werden?
- Gibt es weitere interessante Nutzenpotenziale?

Hier sind verschiedene Auswahlmöglichkeiten und Kombinationen von Nutzenpotenzialen denkbar (beachten Sie dazu die Ausführungen auf Seite 41 ff.). Die Auswahl und verschiedene Kombinationen der Nutzenpotenziale stellen mögliche Strategievarianten dar.

Die anvisierten Nutzenpotenziale sind prägnant und kurz zu beschreiben. Sie sollten finanziell attraktiv, ausreichend groß sein und sich in der Wachstumsphase befinden. Zudem müssen sie mit vertretbarem Ressourceneinsatz, in nützlicher

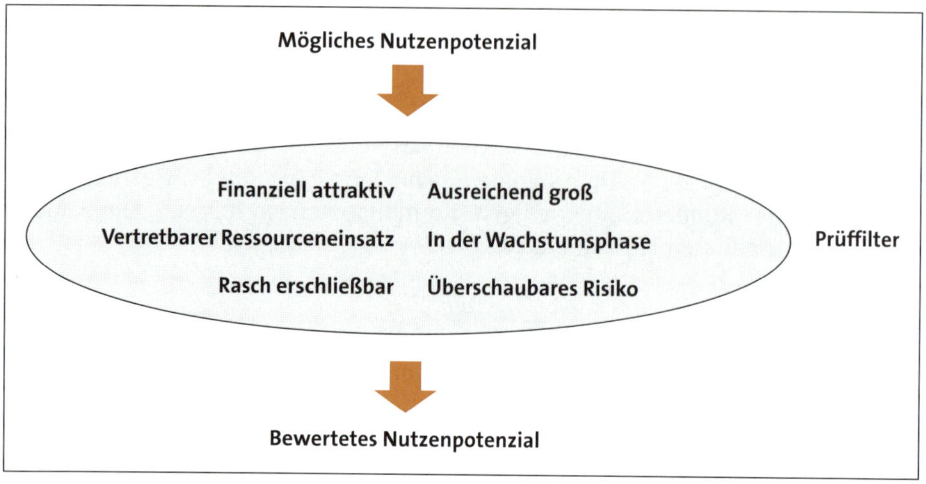


Abbildung 46: Prüffilter Nutzenpotenziale

Frist und mit überschaubarem Risiko erschlossen werden können. Je besser die Nutzenpotenziale diese Ansprüche erfüllen, desto interessanter sind sie. Die Anforderungen sind im Prüffilter in Abbildung 46 zusammengefasst.

## Kernkompetenzen festlegen

Für jede Strategievariante müssen nun die Kernkompetenzen festgelegt werden, die im Unternehmen auf- bzw. auszubauen sind, damit die Nutzenpotenziale erschlossen und die Strategie umgesetzt werden kann. Eine Qualitätsstrategie erfordert andere Kernkompetenzen als eine Billigstrategie. In Abbildung 47 sind dazu Beispiele für die drei Stoßrichtungen »besser, schneller, billiger« aufgeführt. In einer Billigstrategie sind die Kernkompetenzen auf Effizienz und geringe Kosten auszurichten, während bei einer Qualitätsstrategie Kompetenzen in den Bereichen Qualität, Image, Beratung usw. im Vordergrund stehen. Bei der Stoßrichtung »schneller« wiederum sind Kompetenzen aufzubauen, die Zeitvorteile ermöglichen, wie eine schnelle Produktentwicklung oder rasche und flexible Leistungserstellung.

Infrage kommende Kernkompetenzen müssen eingehend auf ihre Tauglichkeit geprüft werden. Dazu kann wieder der Prüffilter (Abbildung 48) eingesetzt wer-

| Die drei strategischen Grunddimensionen | | |
|---|---|---|
| Besser | Schneller | Billiger |
| Stichworte mögliche Kernkompetenzen<br>▪ Hohe Qualität<br>▪ Überragendes Image<br>▪ Voll-Sortiment<br>▪ Erstklassige Beratung | Stichworte mögliche Kernkompetenzen<br>▪ Schnelle Produktentwicklung<br>▪ Hohe Flexibilität<br>▪ Rasche Leistungserstellung | Stichworte mögliche Kernkompetenzen<br>▪ Hohe Effizienz<br>▪ Geringe Kosten<br>▪ Hohe Produktivität |

Abbildung 47: Beispiele Kernkompetenzen zu den strategischen Grunddimensionen

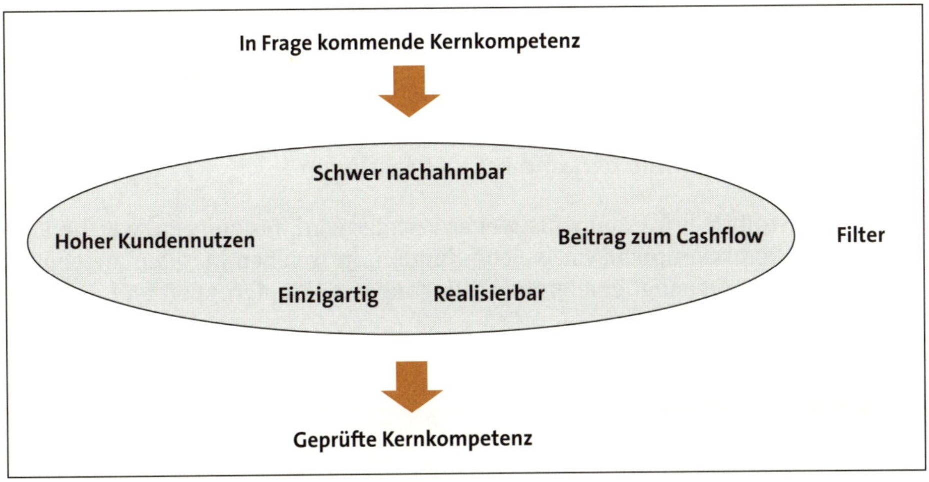


Abbildung 48: Prüffilter für die Kernkompetenzen

den. Die Anforderungen an Kernkompetenzen wurden auf Seite 86 ff. bereits ausführlich dargelegt.

Weiter ist zu beachten, dass Fähigkeiten, die in der Vergangenheit den Erfolg ausmachten, diesen nicht zwingend auch in der Zukunft sicherstellen. Das gilt beispielsweise dann, wenn alte Technologien durch neue abgelöst werden. So wurden im Zuge der weltweiten Digitalisierung in vielen Branchen vorhandene Kernkompetenzen plötzlich bedeutungslos. Beispiele dafür sind die Einführung der Digitalkamera und des Digitaldrucks. Innerhalb kürzester Zeit mussten Unternehmen in diesen Branchen umlernen und teilweise völlig neue Kompetenzen aufbauen. Gelang einem Unternehmen diese Umstellung nicht oder nicht schnell genug, war es rasch weg vom Markt. Vorhandene Kernkompetenzen sind deshalb kritisch auf ihre Zukunftstauglichkeit zu hinterfragen. Ganz gezielt sind daher immer auch *neue* Kernkompetenzen zu prüfen und in die Überlegungen miteinzubeziehen.

| Kernkompetenz | Einzigartig | Schwer nachahmbar | Realisierbar | Hoher Kundennutzen | Beitrag zum CF | Bewertung | Bemerkung |
|---|---|---|---|---|---|---|---|
| Distribution | 6 | 4 | 6 | 6 | 5 | 27 | Interessante Stoßrichtung |
| Marken-Image | 5 | 5 | 4 | 4 | 3 | 21 | |
| Service | 5 | 5 | 5 | 6 | 4 | 25 | |
| Beratung | 4 | 6 | 5 | 6 | 4 | 25 | |

Erreichungsgrad: 6 = hoch, 1 = tief

Abbildung 49: Beispiel überprüfte Kernkompetenzen (anonymisiert)

Die Tabelle in Abbildung 49 zeigt ein Beispiel einer Überprüfung der Kernkompetenzen. Je besser die einzelnen Kompetenzen die Anforderungen erfüllen, desto höher wurden sie auf einer Skala von 1–6 bewertet.

## Produkte, Kunden/Branchen und Märkte festlegen

Schließlich ist für jede Variante, die weiter verfolgt wird, festzulegen, welche Produkte bzw. Produktgruppen, für welche Kunden, in welchen Märkten angeboten werden. Auch hier genügt eine grobe Festlegung der Hauptgruppen (vgl. Beispiel in Abbildung 50).

## Finanzielle Perspektive

Die finanzielle Planung ist kein leichtes Unterfangen. In dieser Phase der Strategieentwicklung wird vieles auf Annahmen beruhen. Gleichwohl ist eine erste grobe Einschätzung der finanziellen Aspekte zwingend nötig.

Das Beispiel in Abbildung 50 zeigt zwei mögliche strategische Stoßrichtungen für eine Getreidemühle.

| | **Variante 1: »Handelsmarken und eigene Marken«** | | | **Variante 2: »Handelsmarken«** | | |
|---|---|---|---|---|---|---|
| Nutzenpotenziale | ▪ Kostensenkungspotenzial in Produktion und Beschaffung<br>▪ Marktpotenzial im Export für nachhaltige Bioprodukte | | | ▪ Kostensenkungspotenzial in Produktion<br>▪ Marktpotenzial bei den Handelsmarken<br>▪ Beschaffungspotenzial für Rohstoffe | | |
| Kernkompetenzen | ▪ Innovation<br>▪ Qualität<br>▪ Marktbearbeitung | | | ▪ Effizienz<br>▪ Sortiment | | |
| Produkte | ▪ Handelsmarken fördern<br>▪ Eigene Bio-Marken aufbauen | | | ▪ Handelsmarken fördern | | |
| Kunden | ▪ Retailer, Einzelhandel<br>▪ Endverbraucher, Bioläden, Reformhäuser, Naturkostläden | | | ▪ Retailer, Einzelhandel | | |
| Geografische Märkte | EU | | | EU | | |
| Finanzielle Perspektive für | 2011 | 2012 | 2013 | 2011 | 2012 | 2013 |
| Ertrag Mio. € | 1.00 | 1.50 | 2.00 | 1.20 | 1.80 | 2.20 |
| Cash-flow Mio. € | 0.20 | 0.35 | 0.60 | 0.20 | 0.30 | 0.40 |

Abbildung 50: Beispiel Strategievarianten einer Getreidemühle (anonymisiert)

## Bewertung und Auswahl der Strategievarianten

Die skizzierten Strategievarianten sind jetzt noch zu prüfen und deren Vor- und Nachteile gegeneinander abzuwägen. Dazu eignet sich das Bewertungsschema in Abbildung 51. Darin werden die Strategievarianten systematisch auf Erfolgsaussichten, Umsetzbarkeit und Risiken geprüft. Neben harten Fakten sind auch weiche Faktoren in die Überlegungen einzubeziehen. Wird die Strategie bei den Mitarbeitern auf Akzeptanz stoßen? Motiviert die Strategie? Passt sie zur Kultur? Ist mit Widerständen zu rechnen?

Diesen Fragen ist bei der Bewertung große Aufmerksamkeit zu schenken. Eine Strategie gegen den Widerstand der Mitarbeiter durchzusetzen, erfordert einen enormen Kraftaufwand seitens des Managements, und es ist zu bezweifeln, ob eine solche Strategie jemals Erfolg haben wird. Die Erfahrung zeigt, dass Wachstums- und Qualitätsstrategien i.d.R. auf größere Akzeptanz stoßen als Ansätze wie Effizienz oder Kostenführerschaft. Zentral für die Akzeptanz jeder Strategie ist eine motivierende und realisierbare Vision und der aufrichtige, unabdingbare Wille der Unternehmensführung, diese Vision auch umzusetzen. Eine sinnvolle Tätigkeit in einem Unternehmen mit klar formuliertem Ziel ist für Mitarbeiter ein wichtiges Kriterium für die Wahl des Arbeitsplatzes. Eine begeisternde Vision

| | Handelsmarken | eigene Marken |
|---|---|---|
| Nutzt bestehende Chancen aus und erschließt attraktive Nutzenpotenziale | 2 | 3 |
| Multipliziert erfolgreiche Prozesse und Systeme | 3 | 2 |
| Führt zur Profilierung und Differenzierung gegenüber der Konkurrenz | 2 | 3 |
| Verbessert den Nutzen für Kunden, trägt zur Lösung von Kundenproblemen bei | 2 | 3 |
| Verbessert Effizienz, senkt Kosten | 3 | 2 |
| Ermöglicht die Erreichung der finanziellen Ziele | 2 | 3 |
| Kann mit vorhandenen Ressourcen (Finanzen, Personal, Know-how) realisiert werden | 2 | 2 |
| Risiken sind überschaubar | 2 | 2 |
| Baut auf vorhandenen Stärken auf | 2 | 3 |
| Führt zur Konzentration der Kräfte | 2 | 3 |
| Motiviert Mitarbeitende | 2 | 3 |
| **Total Punkte** | **24** | **29** |

3 = ja, 2 = teilweise, 0 = nein

Abbildung 51: Bewertete Strategievarianten am Beispiel der Getreidemühle

motiviert und fördert die Zufriedenheit. Bei der Auswahl der Strategie spielen neben Fakten und Akzeptanz schließlich auch der »unternehmerische Instinkt« und die Markteinschätzung der Beteiligten eine wichtige Rolle (vgl. auch Abbildung 51). Die »Winner« sind jeweils orange unterlegt. Die Variante »eigene Marke« wurde schließlich umgesetzt.

## Strategie formulieren

Nachdem die Strategie festgelegt ist, muss sie kurz, einfach und klar ausformuliert werden. Dem oft geforderten Anspruch, dass alles auf einer A4-Seite Platz haben sollte, kann aus unserer Erfahrung aber nicht entsprochen werden. Eine ausformulierte Strategie findet jedoch i. d. R. auf drei bis fünf Seiten Platz. Benötigt sie mehr, sollte sie gekürzt werden.

Bei der Formulierung der Strategie möchten wir auf zwei weitverbreitete Unsitten hinweisen:

### Die »Folien«-Strategie

Viele Unternehmen verfassen die Strategie in Form von Folien. Sie versprechen sich davon die folgenden Vorteile: Erstens beansprucht das Erstellen einer Präsentation weniger Zeit als das Schreiben eines Textdokuments; zweitens lässt sich die Strategie kurz und knackig darstellen und gut visualisieren. Diesen Vorteilen steht jedoch der gewichtige Nachteil gegenüber, dass Folien wenig präzise sind und *immer* Interpretationsspielraum offen lassen. Der Teufel liegt bekanntlich im Detail. Unklarheiten können bei der Umsetzung zu langwierigen Diskussionen und Konflikten führen.

Wir empfehlen daher, die *originäre Strategie* als Textdokument zu erstellen. Das zwingt zu Präzision und Klarheit. Missverständnisse und Unklarheiten werden dadurch bereits *im Voraus* aufgedeckt und können so im Strategieentwicklungsprozess, wenn die strategischen Aspekte noch gedanklich präsent sind, geklärt und bereinigt werden.

Für die Präsentation bei den Mitarbeitern ist dann eine adaptierte Präsentation auf Folie gut geeignet. Die Strategie kann damit *in ihren Grundzügen* adressatengerecht und verständlich kommuniziert werden. Details und vertrauliche Informationen bleiben dem Führungs- oder Strategieteam vorbehalten. Auf Folie lässt sich die Strategie auch gut visualisieren und emotionalisieren.

### Überladene Strategiepapiere

Die zweite Unsitte besteht darin, die Analyseergebnisse und Erarbeitungsschritte im Strategiepapier zu dokumentieren. Es ist zwar wichtig, den Prozess der Strategieerarbeitung schriftlich festzuhalten und zu protokollieren. Diese Protokolle gehören aber nicht ins finale Strategiedokument. Sie sind Ballast und beeinträchtigen die Klarheit. Ins Strategiedokument gehört nur die Strategie. Die Protokolle der Workshops sind in einer separaten Dokumentation abzulegen.

Das folgende Beispiel zeigt die ausformulierte Strategie einer Getreidemühle. Aus Gründen der Geheimhaltung wurde die Branche geändert und das Beispiel anonymisiert.

**Beispiel** **Strategie einer Getreidemühle.**

**Vision**
Wir sind der innovative Partner für Getreideprodukte in Europa und führender Produzent nachhaltiger eigener Bio-Marken.

**Nutzenpotenziale**
Um eine anhaltend hohe Wertschöpfung zu erzielen, erschließen wir folgende Nutzenpotenziale:
- das Kostensenkungspotenzial in Produktion und Beschaffung,
- das Marktpotenzial im Export für nachhaltige Bioprodukte.

**Multiplikation**
Zur Erzielung von Kosten- und Zeitvorteilen multiplizieren wir vor allem folgende Aktivitäten:
- Produktionsprozesse zur Steigerung der Effizienz,
- Produktentwicklungsprozesse für neue, innovative Produkte,
- Markterschließung- und Verkaufsunterstützungsprozesse für die erfolgreiche Marktbearbeitung.

**Kernkompetenzen**
Zur erfolgreichen Erschließung der Nutzenpotenziale entwickeln wir gezielt folgende Fähigkeiten:
- Innovation: Wir bauen die Fähigkeit auf/aus, Trends frühzeitig zu erkennen, daraus innovative Produkte zu entwickeln und zeitgerecht auf den Markt zu bringen.
- Qualität: Wir bauen die Fähigkeit auf/aus, in jeder Qualitätskategorie beste Qualität anzubieten.
- Marktbearbeitung: Wir bauen die Fähigkeit auf/aus, neue Märkte effizient zu erschließen und unsere Kunden durch hervorragende Kundenpflege langfristig zu halten.

**Produkt-/Marktmatrix**

| | Produkte/Leistungen | Kundengruppen/ Branchen | Geogr. Markt |
|---|---|---|---|
| **Fördern** (deutlich intensiver wie bisher) | Handelsmarken | Einzelhandel<br>Vertriebspartner | Deutschland<br>Europa |
| **Halten** (wie bisher) | | | |
| **Abbauen** (reduziert bearbeiten) | Lohnherstellung | Diverse | Deutschland |
| **Neu aufbauen** | Eigene Biomarken | Direktvertrieb,<br>Bioläden,<br>Reformhäuser | Deutschland<br>Europa |

**Leitsätze Unternehmensfunktionen**
**1. Marketing**
*Produkte/Leistungen:*
- Wir führen ein umfassendes Sortiment an Getreideprodukten in verschiedenen Qualitäten.
- Bei den eigenen Marken fokussieren wir uns auf nachhaltige Bioprodukte.
- Wir beraten unsere Kunden kompetent und bieten einen überragenden Full-Service.

*Preispolitik:*
- Wir verkaufen unsere Produkte und Dienstleistungen zu marktorientierten Preisen.
- Die Preise für die eigenen Marken liegen im oberen Preissegment.

*Kommunikation:*
- Wir fördern Image, Bekanntheit und Absatz durch wirksame Kommunikation.
- Wir kommunizieren den Nutzen unserer Marken durch einzigartige Markeninszenierung, attraktive Verpackungsformen und gezielte Maßnahmen am POS.

*Distribution/Verkauf:*
- Wir verkaufen unsere Produkte und Dienstleistungen über Einzelhändler und ausgewählte Vertriebspartner.
- Die eigenen Marken verkaufen wir im In- und Ausland über spezialisierte Vertriebskanäle und im Direktverkauf.
- Wir fördern die langfristige Zusammenarbeit mit unseren Abnehmern durch leistungsfördernde Margenmodelle, professionelle Schulung und systematische Kundenbetreuung.
- Unsere Verkäufer verfügen über großes Fach-, Produkt- und Systemwissen; sie beraten kompetent und sympathisch.

**2. Innovation**
- Wir beobachten systematisch Trends in Märkten und bei Kunden und entwickeln neue, innovative Produkte für attraktive Kundensegmente.
- Wir entwickeln die eigenen Marken weiter und halten unser Sortiment aktuell und attraktiv.

**3. Beschaffung**
- Wir verschaffen uns Preisvorteile und vertiefte Marktkenntnisse durch enge und langfristige Zusammenarbeit mit unseren Lieferanten.
- Durch optimale Lagerbewirtschaftung halten wir die Lagerkosten tief.
- Wir prüfen systematisch die Vor- und Nachteile von make or buy.

**4. Produktion**
- Wir erneuern unsere Produktions-Anlagen kontinuierlich, um die Anforderungen bezüglich Qualität, Technologie und Effizienz jederzeit zu erfüllen.
- Wir entwickeln den Produktionsprozess und unsere Problemlösungskompetenz stetig weiter.
- Wir produzieren nachhaltig und energieeffizient.

**5. Informatik**
- Wir fördern die Kundenbindung durch elektronische Integration.
- Wir prüfen regelmäßig neue Anwendungsmöglichkeiten zur Optimierung unseres Geschäfts.

**6. Mitarbeiter**
- Wir beschäftigen qualifizierte Mitarbeiter, die unternehmerisch denken und resultatorientiert handeln.
- Wir verankern den Leitgedanken der kontinuierlichen Verbesserung.
- Wir fördern Leistung und Zufriedenheit der Mitarbeiter durch professionelles Personalmanagement.

**7. Führung/Organisation**
- Wir praktizieren einen kooperativen Führungsstil und eine offene Kommunikation.
- Wir führen ziel- und resultatorientiert.
- Wir halten unsere Organisation schlank und effizient.
- Wir handeln ethisch und sozial verantwortungsvoll.

**8. Finanzen, Gewinn, Kosten**
- Wir wollen einen angemessenen Gewinn erwirtschaften.
- Der nachhaltige Erfolg ist uns wichtiger als kurzfristige Gewinne.
- Ein effizientes Controlling-System sichert die wirksame Steuerung des Unternehmens.
- Wachstum finanzieren wir durch eigene Mittel.

**9. Kooperationen**
- Wir fördern gezielt Systempartnerschaften mit Kunden und Lieferanten.

## Schritt 3 umsetzen

Mit dieser Anleitung können Sie die Strategieentwicklung wiederum selbstständig durchführen. Bitte lesen Sie Schritt 3: Strategieentwicklung durch, bevor Sie mit der Arbeit beginnen. Die Strategieerarbeitung erfolgt in einem ein- bis zweitägigen Workshop.

### Arbeitsblätter

**Arbeitsblatt 24: Programm Workshop »Strategieentwicklung«**
Die folgende Folie zeigt den Ablauf des Workshops. Zentrale Themen sind die Entwicklung von Strategievarianten, die Auswahl der Strategie und schließlich die Formulierung der Strategie.

---

1. **Strategische Suchfelder durchforsten**
2. **Kernkompetenzen festlegen**
3. **Strategievarianten entwickeln und bewerten**
4. **Strategie auswählen und formulieren**

### Arbeitsblatt 25: Mögliche zukünftige Differenzierungsansätze prüfen

1. Sammeln Sie in einem Brainstorming Ideen, wie bzw. womit sich das Unternehmen in Zukunft differenzieren könnte.
2. Ordnen Sie die Ideen thematisch und besprechen Sie deren Inhalte und Potenziale.
3. Wählen Sie die vier interessantesten Ideen aus, benennen Sie jede Variante mit einem prägnanten Stichwort und beschreiben Sie sie in der zweiten Spalte.
4. Bewerten Sie schließlich die Varianten nach deren Attraktivität mit einer 3 (sehr attraktiv), einer 2 (attraktiv) und einer 1 (mäßig attraktiv).

| Stichwort | Beschreibung | Bewertung |
|---|---|---|
| | | |
| | | |
| | | |
| | | |

3 = sehr attraktiv, 2 = attraktiv, 1 = mäßig attraktiv

**Arbeitsblatt 26: Mögliche neue Tätigkeitsgebiete und Aktivitätsfelder prüfen**

1. Prüfen Sie nach dem gleichen Vorgehen wie im Arbeitsblatt 25 neue Tätigkeitsgebiete, wählen Sie diese aus und bewerten Sie sie.

| Stichwort | Beschreibung | Bewertung |
|---|---|---|
| | | |
| | | |
| | | |
| | | |

3 = sehr attraktiv, 2 = attraktiv, 1 = mäßig attraktiv

## Arbeitsblatt 27: Nutzenpotenziale prüfen und auswählen

1. Prüfen Sie das in der Analyse erstellte Nutzenpotenzial-Profil (siehe Arbeitsblatt 17, S. 61).
2. Tragen Sie die anvisierten Potenziale in das Arbeitsblatt ein und erweitern Sie die Aufstellung bei Bedarf.
3. Formulieren Sie die Potenziale so konkret wie möglich. (z. B. »Marktpotenzial für Convenience-Produkte im Food-Bereich« oder »Kostensenkungspotenzial durch Prozessoptimierung« usw.)
4. Bewerten Sie schließlich die Potenziale gemäß dem Fragefilter und wählen Sie die interessantesten aus.

| Potenzial / Das Nutzenpotenzial … | | | | | |
|---|---|---|---|---|---|
| … ist attraktiv bzw. finanziell interessant, | | | | | |
| … ausreichend groß, | | | | | |
| … in der Wachstumsphase und | | | | | |
| … kann mit vertretbarem Ressourceneinsatz, | | | | | |
| … in nützlicher Frist, | | | | | |
| … mit überschaubarem Risiko erschlossen werden. | | | | | |
| Total Punkte | | | | | |

trifft zu: 2 = ja, 1 = teilweise, 0 = nein

**Arbeitsblatt 28: Kernkompetenzen evaluieren**

1. Notieren Sie in Stichworten Kernkompetenzen, die zur Erschließung der anvisierten Nutzenpotenziale von Bedeutung sind (z. B. Qualität, Beratung usw.). Beschränken Sie sich auf maximal fünf Kernkompetenzen.
2. Umschreiben Sie die Kernkompetenz in einem kurzen Satz.
3. Bewerten Sie anschließend die ausgewählten Kernkompetenzen im Arbeitsblatt 29 anhand des Prüffilters – je höher die Punktzahl, desto interessanter ist der Ansatz.

| Stichwort | Umschreibung: Wir entwickeln gezielt folgende Fähigkeiten: |
|---|---|
| | |
| | |
| | |
| | |
| | |

## Arbeitsblatt 29: Kernkompetenzen überprüfen

Vgl. Beispiel in Abbildung 49, Seite 89

| Kern-kompetenz | einzigartig | schwer nachahmbar | realisierbar | hoher Kundennutzen | Beitrag zum CF | Bewertung | Bemerkung |
|---|---|---|---|---|---|---|---|
| | | | | | | | |
| | | | | | | | |
| | | | | | | | |
| | | | | | | | |
| | | | | | | | |

Erreichungsgrad: 6 = hoch, 1 = tief

### Arbeitsblatt 30: Strategievarianten erarbeiten

1. Skizzieren Sie aufgrund der bisherigen Erkenntnisse und Ergebnisse auf dem Arbeitsblatt mögliche strategische Stoßrichtungen. Wir empfehlen, mindestens zwei alternative Varianten zu entwickeln.
2. Verwenden Sie dazu die in den Arbeitsblättern festgelegten Stichworte zu Nutzenpotenzialen, Multiplikation und Kernkompetenzen.
3. Legen Sie fest, welche Produkt-(gruppen) Sie für welche Kunden in welchen Märkten anbieten wollen.
4. Prüfen Sie schließlich auf dem Arbeitsblatt 31 für jede Variante die finanzielle Perspektive. Passen Sie die Tabelle Ihren Gegebenheiten an und planen Sie Erträge, Kosten und Cashflow für drei Jahre. Selbstverständlich handelt es sich hier um eine erste Grobplanung. Übertragen Sie Erträge und DB bzw. Cashflow der verschiedenen Varianten in Arbeitsblatt 30.

| | Variante 1 | | | Variante 2 | | | Variante 3 | | |
|---|---|---|---|---|---|---|---|---|---|
| Nutzenpotenziale | | | | | | | | | |
| Kernkompetenzen | | | | | | | | | |
| Produkte<br>Kunden<br>Märkte | | | | | | | | | |
| finanzielle Perspektive für | 20.. | 20.. | 20.. | 20.. | 20.. | 20.. | 20.. | 20.. | 20.. |
| Ertrag | | | | | | | | | |
| DB /CF | | | | | | | | | |

## Arbeitsblatt 31: Finanzielle Perspektiven prüfen

| | Variante 1 | | | Variante 2 | | | Variante 3 | | |
|---|---|---|---|---|---|---|---|---|---|
| | 20 . . | 20 . . | 20 . . | 20 . . | 20 . . | 20 . . | 20 . . | 20 . . | 20 . . |
| **Erträge** | | | | | | | | | |
| Produktgruppe A | | | | | | | | | |
| Produktgruppe B | | | | | | | | | |
| Produktgruppe C | | | | | | | | | |
| …………… | | | | | | | | | |
| **Total Ertrag** | 0 | 0 | 0 | 0 | 0 | 0 | 0 | 0 | 0 |
| Warenaufwand | | | | | | | | | |
| DB1 | 0 | 0 | 0 | 0 | 0 | 0 | 0 | 0 | 0 |
| Betriebskosten | | | | | | | | | |
| **DB 2 / Cashflow** | 0 | 0 | 0 | 0 | 0 | 0 | 0 | 0 | 0 |

## Arbeitsblatt 32: Strategievarianten bewerten und Strategie auswählen

1. Die grob skizzierten Strategievarianten müssen nun noch überprüft werden.
2. Beantworten Sie dazu für jede Variante die Fragen in der Tabelle und tragen Sie die Punktzahlen (2, 1 oder 0) in die entsprechende Spalte ein. Je höher die Punktzahl, desto erfolgversprechender ist die Variante.
3. Beachten Sie, dass diese Bewertung die subjektive Meinung des Strategieteams spiegelt und daher mit Unsicherheiten verbunden ist. Die Bewertung führt aber bei kritischer Reflexion i. d. R. zu einer brauchbaren Einschätzung.

| | Variante 1 | Variante 2 | Variante 3 |
|---|---|---|---|
| Nutzt bestehende Chancen aus und erschließt attraktive Nutzenpotenziale | | | |
| Multipliziert erfolgreiche Prozesse und Systeme | | | |
| Führt zur Profilierung und Differenzierung gegenüber der Konkurrenz | | | |
| Verbessert den Nutzen für Kunden, trägt zur Lösung von Kundenproblemen bei | | | |
| Verbessert Effizienz, senkt Kosten | | | |
| Ermöglicht die Erreichung der finanziellen Ziele | | | |
| Kann mit vorhandenen Ressourcen (Finanzen, Personal, Know-how) realisiert werden | | | |
| Risiken sind überschaubar | | | |
| Baut auf vorhandenen Stärken auf | | | |
| Führt zur Konzentration der Kräfte | | | |
| Motiviert Mitarbeiterinnen und Mitarbeiter | | | |
| Total Punkte | | | |

2 = ja, 1 = teilweise, 0 = nein

### Arbeitsblatt 33: Strategie spezifizieren

Die ausgewählte Stoßrichtung muss jetzt noch ausformuliert werden.

1. Spezifizieren Sie die anvisierten Nutzenpotenziale und Kernkompetenzen.
2. Nehmen Sie das erstellte Multiplikations-Profil der Analyse zur Hand (siehe Arbeitsblatt 18, Seite 62) und definieren Sie die Prozesse und Systeme, die zur Erschließung der festgelegten Nutzenpotenziale und zum Aufbau der Kernkompetenzen multipliziert werden sollen.
3. Ergänzen Sie die Aufstellung bei Bedarf.
4. Überprüfen Sie, ob die zu Beginn des Strategieprozesses festgelegte Vision für die gewählte Strategie a) noch stimmt und b) prägnant genug ist.
5. Formulieren Sie die Vision gegebenenfalls neu.

| | Vision | |
|---|---|---|
| **Nutzenpotenziale**<br>Um eine nachhaltige Wertschöpfung zu erzielen, erschließen wir folgende Nutzenpotenziale: | **Multiplikation**<br>Zur Erzielung von Kosten- und Zeitvorteilen multiplizieren wir vor allem folgende Aktivitäten: | **Kernkompetenz**<br>Zur erfolgreichen Erschließung der Nutzenpotenziale entwickeln wir gezielt folgende Fähigkeiten: |

### Arbeitsblatt 34: Zukünftige Erfolgsfaktoren im Markt prüfen

1. Überprüfen Sie, ob die Faktoren der Analyse im Arbeitsblatt 13: »Gegenwärtige Erfolgsfaktoren im Markt eruieren« auch in Zukunft noch Gültigkeit haben.
2. Falls ja, können die Erfolgsfaktoren so übernommen werden.
3. Trifft dies nicht zu, sind für den ausgewählten Strategieansatz die zukünftigen Erfolgfaktoren zu eruieren. Umschreiben Sie dies wiederum kurz und präzise.
4. Bewerten Sie anschließend, welche dieser Faktoren Ihr Unternehmen davon bereits erfüllt bzw. nicht erfüllt.

| | erfüllt | tw. erfüllt | nicht erfüllt |
|---|---|---|---|
| 1 | | | |
| 2 | | | |
| 3 | | | |
| 4 | | | |
| 5 | | | |

## Arbeitsblatt 35: Produkt- und Marktziele festlegen

In der Matrix Produkt- und Marktziele wird definiert, welche Produkte bzw. Leistungen, für welche Kunden, in welchen Märkte angeboten werden sollen. Im Einzelnen sind die folgenden Fragen zu beantworten:

- Welche Produkte/Leistungen, Kunden und Märkte wollen wir gezielt *fördern*?
- Was wollen wir *halten*?
- Was wollen wir bewusst *abbauen*?
- Was wollen wir gezielt *neu aufbauen?*

**Vorgehen:**

Tragen Sie in den einzelnen Spalten und Zeilen Produkte, Kunden und Märkte ein.

Dabei gibt es zwei mögliche Vorgehensweisen:

1. Sie platzieren Produkte, Kunden und Märkte ohne Bezug zueinander.
2. Sie setzen Produkte, Kunden und Märkte in Beziehung zueinander und legen beispielsweise fest, dass Sie Produkt A für Kundengruppe B im Markt C fördern wollen.

Wenn nicht gute Gründe dagegen sprechen, empfehlen wir das erste Vorgehen, weil es einfach und übersichtlich ist. Ist es aus strategischer Sicht jedoch wichtig, eine Zuordnung zu machen, ist das zweite Vorgehen zu wählen.
In diesem Falle empfehlen wir, die Matrix so anzupassen, dass sie der spezifischen Produkt-, Kunden- und Marktstruktur des Unternehmens entspricht.

Vgl. Beispiel Seite 93

| | Produkte/Leistungen | Kundengruppen/ Branchen | Geogr. Markt |
|---|---|---|---|
| **Fördern** (deutlich intensiver wie bisher) | | | |
| **Halten** (wie bisher) | | | |
| **Abbauen** (reduziert bearbeiten) | | | |
| **Neu aufbauen** | | | |

## Arbeitsblätter 36–41: Leitsätze »Unternehmensfunktionen« festlegen 1–6

### Arbeitsblatt 36: Leitsätze »Unternehmensfunktionen« festlegen 1

Im letzten Arbeitsschritt werden für die einzelnen Unternehmensfunktionen Leitsätze festgelegt. Beachten Sie dazu die Leitsätze im Beispiel der Getreidemühle auf Seite 93 ff.

Folgende Fragen sind für die Formulierung der Leitsätze hilfreich.

- Was ist im jeweiligen Funktionsbereich zu tun, um die Strategie erfolgreich umzusetzen?
- Was ist nötig, damit der Funktionsbereich seinen Beitrag zur Strategie-Realisierung leisten kann?

**Beispiele:**

Wurde »Service« als Kernkompetenz festgelegt, wären folgende Leitsätze denkbar:

- *bei Informatik*: Wir fördern die Kundenbindung durch elektronische Integration bzw. ein CRM-System.
- *bei Verkauf*: Wir betreuen unsere Kunden systematisch im Rahmen eines Kundenbetreuungskonzepts.

Achten Sie darauf, dass die Leitsätze in sich stimmig sind und sich nicht widersprechen.

**Marketing**

Produkte/Leistungen

Preispolitik

Kommunikation

## Arbeitsblatt 37: Leitsätze »Unternehmensfunktionen« festlegen 2

Distribution

Verkauf

## Arbeitsblatt 38: Leitsätze »Unternehmensfunktionen« festlegen 3

**Innovation**

**Produktion**

## Arbeitsblatt 39: Leitsätze »Unternehmensfunktionen« festlegen 4

**Einkauf**

**Informatik**

## Arbeitsblatt 40: Leitsätze »Unternehmensfunktionen« festlegen 5

**Mitarbeiterinnen und Mitarbeiter**

**Führung/Organisation**

## Arbeitsblatt 41: Leitsätze »Unternehmensfunktionen« festlegen 6

**Finanzen, Gewinn, Kosten**

**Kooperationen**

# Schritt 4: Strategieumsetzung

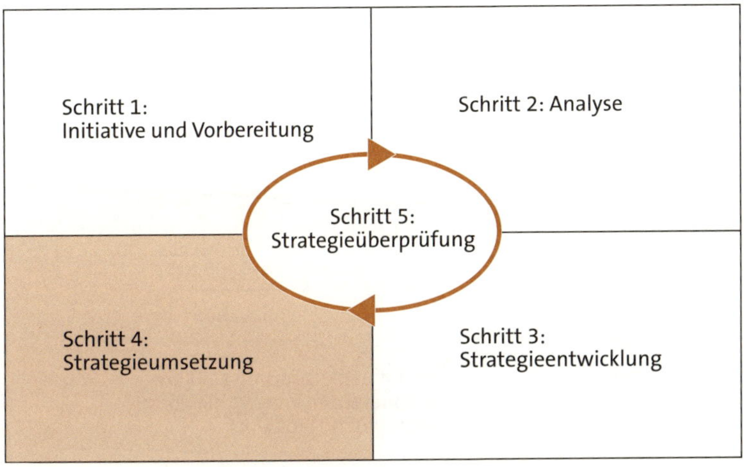


Für eine erfolgreiche Umsetzung muss die erarbeitete Strategie operationalisiert und auf konkrete Maßnahmen heruntergebrochen werden. Damit beginnt auch die eigentliche »Knochenarbeit«. Michelangelo soll einmal auf die Frage, wie denn seine Skulpturen entstünden, geantwortet haben: 10 % Inspiration und 90 % Transpiration. Dies gilt auch für die Strategieumsetzung, sie ist der eigentliche Kraftakt und erfordert viel Biss und Beharrlichkeit. Interessante und erfolgversprechende Strategien scheitern oft daran, dass sie mangelhaft umgesetzt werden. Aufgrund der Erfahrungen sind für die Umsetzung folgende Punkte zu beachten.

1. **Ohne Engagement und Herzblut der Geschäftsleitung und leitenden Angestellten gibt es keinen Erfolg.**
   Strategien, die nicht die volle Unterstützung der Geschäftsleitung haben, sind zum Scheitern verurteilt. Wenn die Führung nicht hundertprozentig hinter der Strategie steht, fehlt ihr die nötige Durchschlagskraft. Auch eine vielversprechende Strategie wird dadurch schnell zu einem zahnlosen Tiger.

2. **Eine effiziente Projektorganisation ist Voraussetzung für die Realisierung.**
   Die Umsetzung der Strategie ist ein anspruchsvolles, i.d.R. mehrjähriges Projekt. Für eine effiziente Projektabwicklung braucht es eine einfache und wirkungsvolle Projektorganisation. Wie diese Projektorganisation aussehen kann, wird ab S. 122 dargelegt.

3. **Alle Funktionen und Aktivitäten der Unternehmung sind konsequent auf die Kernkompetenzen auszurichten.**
   Eine neue Strategie erfasst das ganze Unternehmen. Einzelne Abteilungen und Bereiche werden zwar je nach Stoßrichtung stärker tangiert als andere. Wichtig ist jedoch, dass alle Unternehmensfunktionen wie Marketing, Organisation,

Führung usw. konsequent auf den Aufbau der Kernkompetenzen ausgerichtet werden. Erst durch Bündelung aller Kräfte entsteht die nötige strategische Stoßkraft (Abbildung 52).

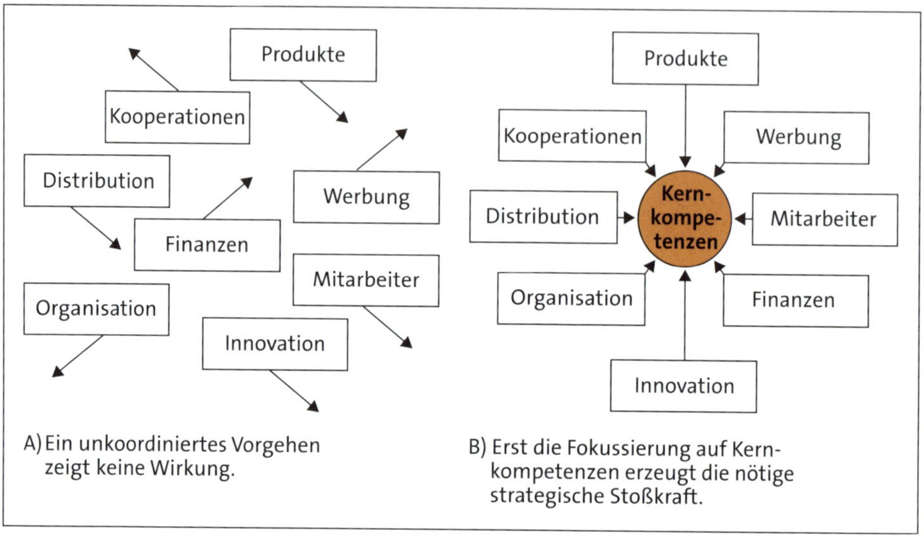


Abbildung 52: Unkoordiniertes vs. koordiniertes Vorgehen[22]

## Vorgehen bei der Strategieumsetzung

Das Vorgehen zur Strategieumsetzung ist in Abbildung 53 im Überblick dargestellt und wird im Folgenden erläutert.

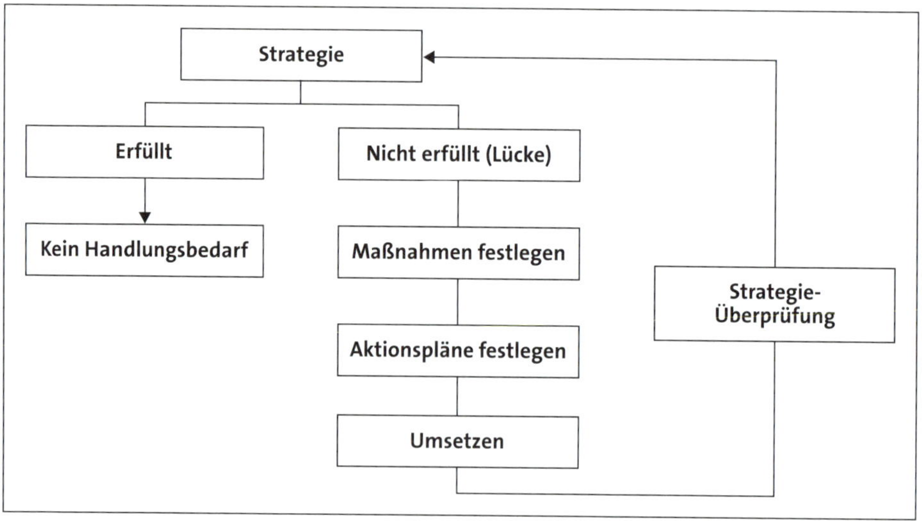


Abbildung 53: Vorgehen Strategieumsetzung

22 vgl. Pümpin, C./Amann, Ch. (2005).

# Direkte Maßnahmen festlegen

## Die Strategie auf Soll/Ist-Abweichungen prüfen und Einzelmaßnahmen festlegen

In einem ersten Schritt wird die Strategie Punkt für Punkt überprüft. Ist das strategische Soll bereits erfüllt, besteht kein Handlungsbedarf. Überall da, wo dieses nicht erfüllt ist bzw. da, wo es Lücken gibt, sind Maßnahmen festzulegen. Abbildung 54 zeigt Ausschnitte eines Soll-Ist-Vergleichs und die daraus abgeleiteten Maßnahmen.

| Strategisches Soll | erfüllt? | Maßnahme |
|---|---|---|
| **Multiplikation:**<br>Zur Erzielung von Kosten- und Zeitvorteilen multiplizieren wir vor allem folgende Aktivitäten: | | |
| ■ Markterschließung- und Verkaufsunterstützungsprozesse für die erfolgreiche Marktbearbeitung | nein | Prozess Markterschließung festlegen, dokumentieren und implementieren |
| ■ Produktentwicklungsprozesse für neue Produkte | teilweise | Schulung Verkauf |
| ■ Produktionsprozesse zur Steigerung der Effizienz | teilweise | Prozess Produktentwicklung anpassen<br>KVP (kontinuierlicher Verbesserungsprozess) optimieren |
| **Marketing:**<br>*Preispolitik* | | |
| ■ Die Preise für die eigenen Marken liegen im oberen Preissegment, sind jedoch jederzeit marktgerecht. | teilweise | Preispolitik definieren |
| *Kommunikation*<br>■ Wir kommunizieren den Nutzen unserer Produkte rational und emotional durch einzigartige Inszenierung, Design, attraktive Verpackungsformen und gezielte Maßnahmen am POS. | nein | Marketingkonzept |
| ....... | | |

Abbildung 54: Beispiele von Soll/Ist-Abweichungen und daraus abgeleitete Maßnahmen

Ergebnis der Soll-Ist-Vergleiche ist eine Liste von Einzelmaßnahmen (Abbildung 55), die sehr umfangreich werden kann. Die Größe der Liste dämpft oftmals den Optimismus im Strategieteam und es können Zweifel aufkommen, ob diese Aufgaben überhaupt zu bewältigen seien. Diese Bedenken können ausgeräumt werden, wenn die Maßnahmenliste in der weiteren Bearbeitung verdichtet und auf ein handhabbares Maß reduziert wird.

| Maßnahmenliste | |
|---|---|
| 1 Prozess Markterschließung implementieren<br>2 Konzept zwei Lieferanten umsetzen<br>3 Lagerbewirtschaftung prüfen<br>4 Key Account Management einführen | 5 Preispolitik definieren<br>6 Kontinuierlicher Verbesserungsprozess einführen<br>7 Export D aufbauen<br>8 Richtlinien Verkauf definieren |

Abbildung 55: Maßnahmenliste Strategieumsetzung

Eine besondere Bedeutung in der Maßnahmenliste kommen *Ausbildung und Schulung* zu. Diese dienen unmittelbar dazu, die Kernkompetenzen aufzubauen und weiter zu entwickeln. Fähigkeiten im Unternehmen, die nicht gepflegt werden, verkümmern. Aus diesem Grunde sollten Ausbildungs- und Schulungsmaßnahmen in keinem Maßnahmenplan fehlen.

## Einzelmaßnahmen zu Aktionsplänen bündeln

Die einzelnen Maßnahmen werden anschließend nach Themen sortiert, zu Maßnahmen-Clustern verdichtet und in einem Aktionsplan zusammengefasst (Abbildung 56). Durch das Bündeln der Maßnahmen und das Eliminieren der Redun-

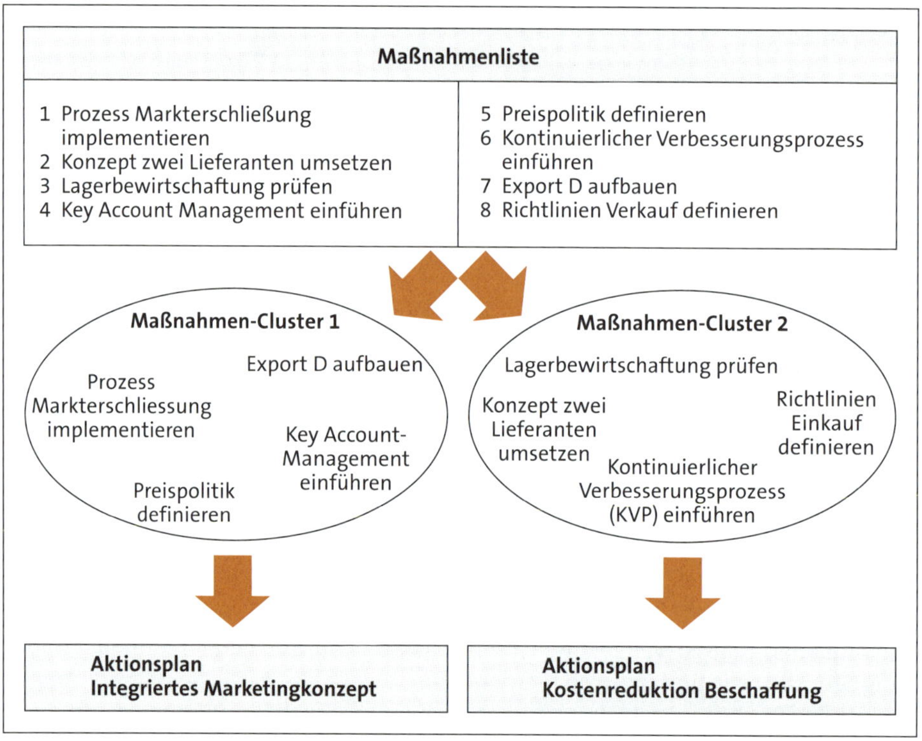


Abbildung 56: Von der Maßnahmenliste zum Aktionsplan

danzen lässt sich die Maßnahmenliste meist auf ein überschaubares Maß von 6–12 Aktionsplänen zusammenfassen.

## Aktionspläne operationalisieren

Im nächsten Schritt werden die Aktionspläne operationalisiert und im Entwurf skizziert. Anschließend wird festgelegt, wer für die Umsetzung zuständig ist. Als Ergebnis liegen die Aktionspläne im Entwurfsmodus vor. Abbildung 57 zeigt als Beispiel einen Aktionsplan »Marketingkonzept«. Die vorliegenden Aktionspläne sind Entwürfe. Sie müssen im weiteren Verlauf noch überprüft und bei Bedarf korrigiert und ergänzt werden. Insbesondere die Ressourcenplanung bedarf einer eingehenden Prüfung, da die Aufwände anfangs nur grob geschätzt werden können. Die überarbeiteten Aktionspläne werden schließlich verabschiedet und zur Ausführung freigegeben.

<table>
<tr><td colspan="4">Marketingkonzept</td></tr>
<tr><td colspan="4">Ziel: Integriertes Gesamtkonzept erarbeitet und implementiert</td></tr>
<tr><td>Verantwortlich: M. Müller</td><td colspan="3">Zeitbedarf: 4 Monate</td></tr>
<tr><td colspan="4">Beschreibung Einzelmaßnahmen</td></tr>
<tr><td colspan="4">▪ Gesamtkonzept festgelegt<br>▪ Politiken Marketingmix definiert (Sortiment, Preise, Promotion, Distribution)<br>▪ Kommunikationskonzept erstellt<br>▪ Budget, Planung erstellt<br>▪ Organisation, Infrastruktur, Controlling festgelegt<br>▪ Konzept Markt- und Trendmonitoring, Innovationsmanagement, PSM erstellt und implementiert (aktive Vermarktung von Innovationen)<br>▪ Periodische Prüfung Einsatz elektronischer Instrumente in Prozess integriert<br>▪ Kontinuierlicher Verbesserungsprozess (KVP) definiert und installiert</td></tr>
<tr><td colspan="2">Budget Kosten extern CHF/€</td><td colspan="2">Ressourcen intern Arbeitstage</td></tr>
<tr><td>Jahr 201X</td><td>50.000</td><td>Konzeption + Implementierung</td><td>80</td></tr>
<tr><td>Jahr 201Y</td><td>25.000</td><td>Umsetzung, Weiterentwicklung</td><td>60</td></tr>
<tr><td>Jahr 201Z</td><td>20.000</td><td>Umsetzung, Weiterentwicklung</td><td>60</td></tr>
<tr><td>Gesamt</td><td>95.000</td><td>Gesamt</td><td>200</td></tr>
</table>

Abbildung 57: Entwurf eines Aktionsplans »Marketingkonzept« mit Ressourcenplanung

## Metaplanung

In einem Metaplan werden dann alle Aktionspläne zusammengefasst (Abbildung 58) und nach Prioritäten geordnet. Zur Bestimmung der Prioritäten eignet sich das modifizierte Eisenhower-Raster[23] in Abbildung 59. Das Augenmerk ist auf die Aktivitäten zu richten, die für die Umsetzung der Strategie unerlässlich sind und die über Erfolg oder Misserfolg entscheiden.

| Aktionsplan | Verantwortlich | Zeitbedarf Monate | Priorität | 201X | | | | 201Y | | | | Ressourcen Arbeitstage | Kosten extern TEuro |
|---|---|---|---|---|---|---|---|---|---|---|---|---|---|
| | | | | 1. Quartal | 2. Quartal | 3. Quartal | 4. Quartal | 1. Quartal | 2. Quartal | 3. Quartal | 4. Quartal | | |
| Marketing-konzept | A | 3 | 1 | | | | | | | | | 40 | 150 |
| Kostenred. Beschaffung | B | 5 | 1 | | | | | | | | | 25 | 200 |
| Key Account Manage-ment | C | 2 | 2 | | | | | | | | | 35 | 25 |
| Export Deutschland | D | 18 | 2 | | | | | | | | | 100 | 500 |
| .... | .... | .... | | | | | | | | | | .... | .... |
| Total | | 28 | | | | | | | | | | 200 | 875 |

Abbildung 58: Beispiel Metaplan mit Aktionsplänen

Die Bewertung erfolgt nach den Kriterien »Zielbeitrag« (Output) und »Ressourcenaufwand« (Input). Priorität (Feld 1) haben die Aktionspläne, die einen großen Beitrag zur Zielerreichung leisten und mit wenig Aufwand realisiert werden können. Dann folgen die Aktionspläne, die einen hohen Zielbeitrag leisten, jedoch hohen Aufwand generieren (Feld 2). Die Aktionspläne im Feld 3 können in der ersten Phase der Umsetzung vernachlässigt werden. Aufgrund der beschränkten Ressourcen muss deren Realisierung i. d. R. auf einen späteren Zeitpunkt verschoben werden. Aktionspläne im Feld 4 sind nicht relevant für die Strategie und können weggelassen werden.

23 Dieses Prinzip wurde vom ehemaligen US-Präsidenten Dwight D. Eisenhower praktiziert.

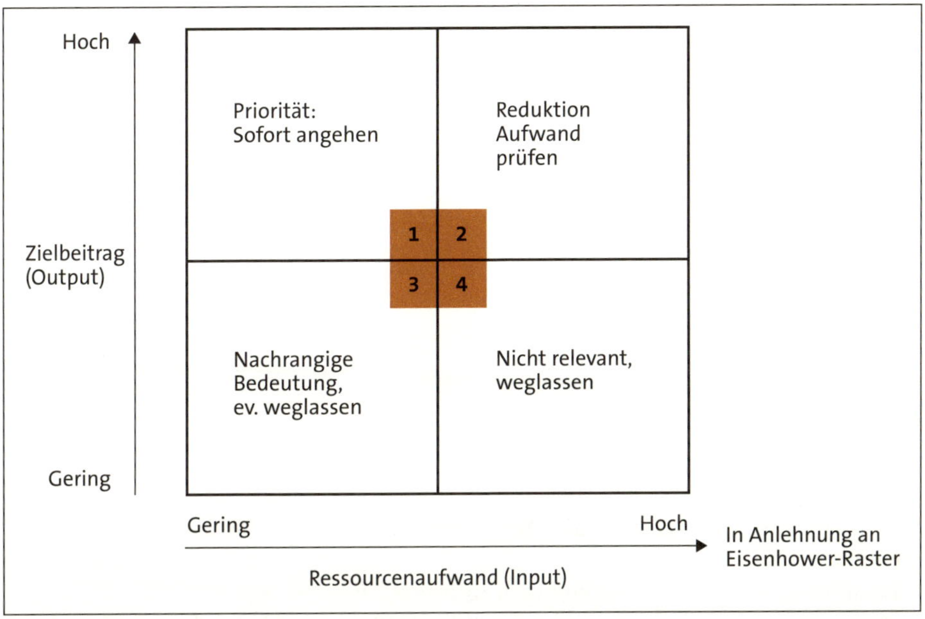


Abbildung 59: Matrix zur Bestimmung der Prioritäten

Der Metaplan verschafft einen umfassenden Überblick über das Strategieprojekt und zeigt Engpässe bei den Ressourcen. Er wird im Verlaufe der Umsetzung in einer rollenden Planung laufend aktualisiert.

## Indirekte Maßnahmen festlegen

Die bisher festgelegten Maßnahmen bezogen sich vor allem auf quantitative Aspekte. Indirekte Maßnahmen sind im Gegensatz zu Plänen und Budgets eher qualitativer Art. Sie zielen darauf ab, die Mitarbeiter für die Strategie zu gewinnen und Verhaltensänderungen auszulösen. Indirekte Maßnahmen sollen die Mitarbeiter mobilisieren und aktivieren, damit sie die Strategie unterstützen und die Umsetzung vorantreiben. Die wichtigsten indirekten Maßnahmen werden im Folgenden erläutert.

### Mitarbeiter informieren

Wie wir bereits betont haben, kann eine Strategie im Unternehmen nur dann Kraft entfalten, wenn die Mitarbeiter sie kennen und mittragen. Existieren Strategien nur auf Plänen und in den Köpfen des Managements, besteht wenig Aussicht auf Erfolg. Die Unternehmensleitung muss deshalb durch geeignete Maßnahmen die stufengerechte Information aller Mitarbeiter sicherstellen. Die Strategie ist empfängergerecht so aufzubereiten, dass sie auch verstanden wird. Leitende Angestellte sind aufgrund ihres besseren Kenntnisstands und ihrer Funktion anders zu informieren als solche in der Produktion. Je höher der hierarchische Rang der

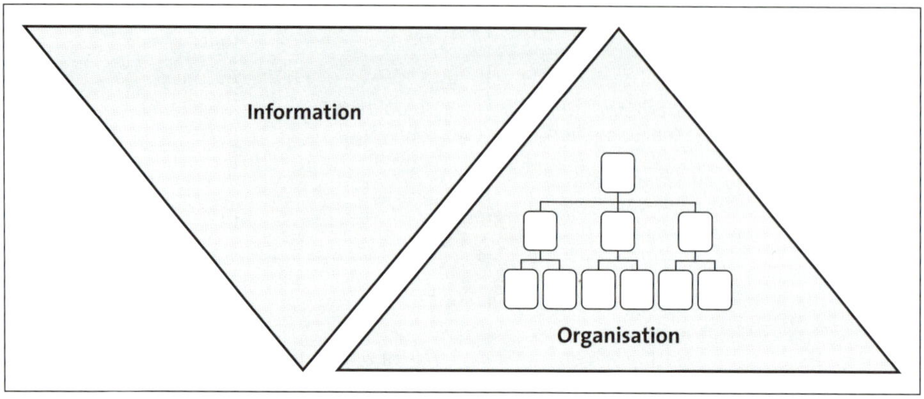


Abbildung 60: Stufengerechte Information – Je höher die Hierarchiestufe, desto größer der Informationsbedarf

Mitarbeiter ist, desto umfangreicher und detaillierter sollte informiert werden (Abbildung 60).

Abbildung 61 zeigt das Vorgehen zur Information der Belegschaft. Die Geschäftsleitung informiert zuerst die Abteilungsleiter bzw. die leitenden Angestellten, soweit diese nicht schon bei der Strategieerarbeitung dabei waren. Anschließend werden alle Mitarbeiter in einer Betriebsversammlung über die grundlegende Stoßrichtung, insbesondere über die Bedeutung der Kernkompetenzen informiert. In Abteilungs- und Teamsitzungen werden die Punkte vertieft, die für die Abteilung und die Gruppe besonders relevant sind.

Beim Herunterbrechen der Strategie auf die Abteilungen und Mitarbeiter sind folgende Schlüsselfragen zu beantworten:

- Welchen Beitrag haben die verschiedenen Abteilungen zur Zielerreichung des Unternehmens und zum Aufbau der Kernkompetenzen zu leisten?
- Welchen Beitrag hat jeder Mitarbeiter zur Zielerreichung der Abteilung und zum Aufbau der Kernkompetenzen zu leisten?
- Welche konkreten Maßnahmen sind aufgrund der obigen Fragen zu ergreifen?

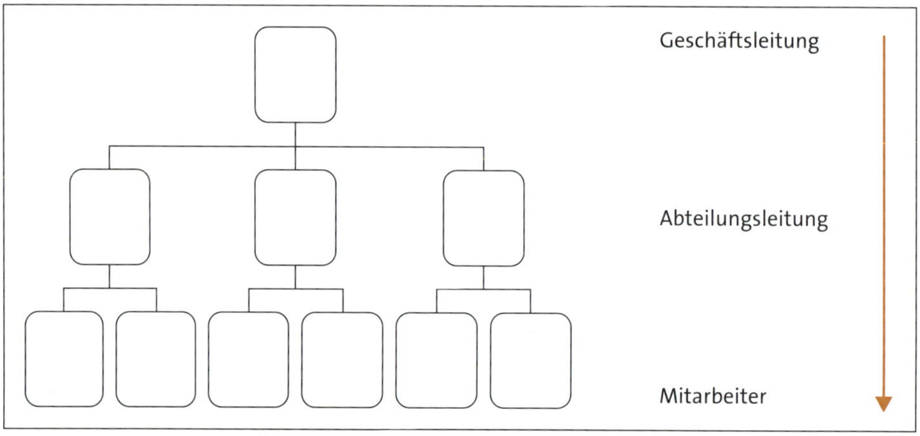


Abbildung 61: Vorgehen Top-Down-Information

Eine einmalige Information über die Strategie und die Ziele genügt nicht. Alle Mitarbeiter sind periodisch über die aktuelle Entwicklung und den Stand der Strategieumsetzung zu informieren. Es empfiehlt sich, diese Informationen in einem festen Rhythmus monatlich oder pro Quartal einzuplanen.

**Beispiel** **Mitarbeiterversammlung**

Die Umsetzung einer neuen Strategie ist ein besonderes Ereignis, das auch entsprechend angekündigt werden sollte.

In einem Dienstleistungs-Unternehmen hat die Geschäftsleitung die neue Strategie den Mitarbeitern in einem Hotel auf einer Bergspitze vorgestellt. Anschließend an die Präsentation lud die Geschäftsleitung zum Apéro, bei dem auf die Strategie angestoßen wurde. Offene Fragen konnten dabei im persönlichen Gespräch diskutiert werden.

Die Auswahl des Ortes auf der Bergspitze erfolgte ganz bewusst. Er sollte die Herausforderung symbolisieren, welche die Umsetzung der Strategie für das Unternehmen in den kommenden Jahren bedeuten wird. Der würdige Rahmen der Präsentation gab dem Anlass Bedeutung und Gewicht.

In den folgenden Monaten wurden dann wichtige strategische Punkte in monatlichen Abteilungssitzungen diskutiert und zusätzliche Maßnahmen festgelegt, welche die Umsetzung der Strategie unterstützten.

## Leitbild formulieren und kommunizieren

Ein wirkungsvolles Instrument für die Kommunikation der Strategie ist das Leitbild. Dieses bildet gleichsam ein Konzentrat der Strategie. Inhaltlich werden Werte offengelegt und Absichten sowie Ziele des Unternehmens dargestellt. Die Mitarbeiter und weitere Anspruchsgruppen wissen damit, welche Ziele das Unternehmen hat und für welche Werte es einsteht. Ein Leitbild schafft Klarheit und Vertrauen. Es kann für die Kommunikation nach innen und außen eingesetzt werden (Abbildung 62).

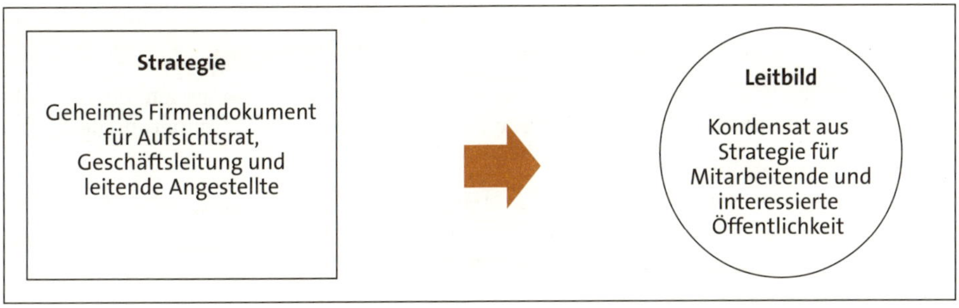


Abbildung 62: Zusammenhang zwischen Strategie und Leitbild

Die Kunst beim Verfassen eines Leitbilds besteht darin, die essenziellen Punkte festzuhalten, ohne Vertrauliches oder Geheimes mitzuteilen. Dadurch besteht die Gefahr, dass idealisierte oder nichtssagende Phrasen aufgelistet werden. Diese Gefahr lässt sich durch möglichst konkrete Aussagen vermeiden. Die folgenden Fragen zwingen dazu, die Sache auf den Punkt zu bringen und verhindern so, dass Luftschlösser gebaut werden und das Leitbild zu einem Papiertiger verkommt.

Zu den folgenden Fragen bzw. Themen sind Aussagen im Leitbild möglich:

- Wer sind wir?
- Was und wohin wollen wir?
- Welche Werte sind uns wichtig?
- Welche Marktstellung wollen wir erreichen?
- Wofür stehen wir?
- Was bedeutet uns Qualität?
- Was bedeutet uns Gewinn?
- Was heißt für uns Leistung?
- Was bedeuten uns Sicherheit und Verantwortung?
- Wie gehen wir miteinander um?
- Wie führen wir unser Mitarbeiter?
- Was bedeuten uns die Kunden?
- Wie verhalten wir uns gegenüber Lieferanten, Staat, usw.?
- Wie verhalten wir uns gegenüber sozialen und ökologischen Anliegen?

**Beispiel** **Leitbild Berlinger AG**

berlinger
feel safe

**Wir sind weltweit führender Partner für sichere, einfache und nachhaltige Dopingkontroll-, Temperaturüberwachungs- und Speziallösungen in bester Schweizer Qualität. Berlinger – Feel safe.**

**Fair und nachhaltig.**
Wir sind unseren Kunden ein zuverlässiger, fairer Partner. Wir wollen sie durch Leistung begeistern und pflegen die Beziehung zu ihnen im unverkennbaren »Berlinger-Stil«. Wir setzen auf längerfristige Zusammenarbeit mit leistungsfähigen, regional ansässigen Lieferanten. Wir handeln ethisch und sozial verantwortungsvoll und berücksichtigen die Anliegen der Ökologie.

**Resultatorientiert und verantwortungsvoll.**
Wir fördern die Leistung und Zufriedenheit unserer Mitarbeiter durch ein professionelles Personalmanagement und praktizieren einen kooperativen Führungsstil.

Wir beschäftigen qualifizierte und motivierte Mitarbeiter, die unternehmerisch und resultatorientiert denken und handeln. Ihre Anliegen berücksichtigen wir wo immer möglich.

**Hochqualitativ und innovativ.**
Wir bieten ein umfassendes Sortiment von preisgünstig bis Premium an; Qualität steht bei uns immer im Vordergrund. Wir aktualisieren unser Sortiment laufend und systematisch. Dabei lassen wir uns vom technisch Möglichen und den Kundenwünschen inspirieren.

**Leistungsfähig und weitsichtig.**
Wir verfolgen anspruchsvolle Wachstumsziele und sichern die Weiterentwicklung der Firma durch angemessene Gewinnerzielung.

## Unternehmenskultur und Verhalten anpassen und verändern

Eine neue Strategie zwingt oft zu einer Anpassung der Unternehmenskultur. Ein anstehender Kulturwandel ist vom Management gezielt zu initiieren und zu steuern. Eine Strategie mit der Kernkompetenz »Qualität« bedingt im ganzen Unternehmen ein konsequentes Qualitätsdenken. Qualität muss zum anerkannten Standard werden. Sie muss im Denken und Handeln der Mitarbeiter verankert sein und gleichsam in Fleisch und Blut übergehen. Damit eine Qualitätskultur entstehen kann, muss Qualität erst definiert und Standards dafür festgelegt werden. Was bedeutet z. B. Qualität bei den Produkten, im Verkauf, in der Administration usw. Gute Erfahrungen haben wir gemacht, wenn Qualitätsstandards bei Besprechungen in den Abteilungen gemeinsam erarbeitet und festgelegt werden. Selbstdefinierte Standards sind verbindlicher, die Umsetzung wird damit beschleunigt und erleichtert. Flankierende Maßnahmen wie Qualitätszirkel, Anschläge am Schwarzen Brett, Sinnsprüche auf dem Computermonitor usw. können den Aufbau der Qualitätskultur unterstützen und verinnerlichen helfen. Das Wichtigste aber ist, dass das Management seine Vorbildfunktion wahrnimmt. Alle Anstrengungen sind umsonst, wenn die Führungskräfte Qualität nicht konsequent vorleben. Die Gewährleistung und stetige Verbesserung der Qualität ist eine nie endende Daueraufgabe, die im Rahmen eines kontinuierlichen Verbesserungsprozesses im Unternehmen installiert werden muss.

**Exkurs**

**Kontinuierlicher Verbesserungsprozess** oder kurz **KVP** (engl.: *Continuous Improvement Process* (CIP)) ist eine innere Haltung aller Beteiligten und bedeutet: *stetige Verbesserung* mit möglichst nachhaltiger Wirkung. Diese Haltung durchdringt dann alle Aktivitäten und das ganze Unternehmen. KVP bezieht sich auf die Produkt-, die Prozess- und die Servicequalität. Umgesetzt wird KVP durch einen Prozess stetiger kleiner Verbesserungsschritte (im Gegensatz zu eher großen, sprunghaften, einschneidenden Veränderungen) in kontinuierlicher Teamarbeit. KVP ist ein Grundprinzip im Qualitätsmanagement und unverzichtbarer Bestandteil der ISO-Zertifizierung. Das äquivalente Prinzip wird japanisch Kaizen genannt.

## Corporate Design entwickeln

Eine wirksame indirekte Maßnahme ist die Anpassung des Corporate Designs (CD). Dieses beinhaltet die Gestaltung aller Kommunikationsmittel wie Logo, Geschäftsdrucksachen, Werbeprospekte, Internetauftritte, Produkt- und Verpackungsdesign usw. Auch Architektur, Einrichtung, Mobiliar, Hausbeschriftung usw. gehören zu einem umfassenden CD.

Corporate Design prägt die Identität eines Unternehmens. Es legt fest, wie das Unternehmen von den Mitarbeitern und der Öffentlichkeit wahrgenommen wird. Ein gefälliges, eingeständiges CD positioniert das Unternehmen im Markt und gibt Profil. Es ist Symbol und hat eine ähnliche Wirkung wie die Fahne eines Landes. Ein neues CD dokumentiert den Willen der Unternehmensführung zur Veränderung und symbolisiert den Aufbruch zu neuen Ufern. Richtig eingesetzt unterstützt ein neues CD die Motivation und begünstigt eine kraftvolle Umsetzung der Strategie.

**Beispiel** **Anpassung des Corporate Designs**

**Corporate Design Handwerkerzentrum Weber AG in Chur, CH**
Eine Maßnahme aus der Strategieerarbeitung bei der Firma Weber AG war ein Redesign des CD. Mit dem neuen Auftritt wurde auch eine Image-Plakatkampagne lanciert.

## Projektorganisation einrichten

Um den bei der Strategieerarbeitung entstandenen Schwung mitzunehmen, ist die Umsetzung der Strategie durch eine wirkungsvolle Projektorganisation zügig voranzutreiben. Für die Motivation im Team ist es wichtig, dass rasch erste Erfolge ausgewiesen werden. Idealerweise ist das Team, das die Strategie erarbeitet hat, auch für die Umsetzung verantwortlich. Mit kleinen Anpassungen kann dafür die bisherige Projektorganisation eingesetzt werden (vgl. Abbildung 63).

| | Aufgaben | Bemerkungen |
|---|---|---|
| Steuerungsausschuss | ▪ Steuerung und Überwachung des Projektes, Entscheidung | ▪ Evtl. bei größeren Organisationen |
| Projektleitung | ▪ Gesamtplanung und Koordination<br>▪ Kontrolle der Umsetzung<br>▪ Vorbereitung, Leitung und Protokollierung der Sitzungen<br>▪ Vergabe von Aufträgen | ▪ Geschäftsleiter oder Mitglied des Strategieteams<br>▪ evtl. mit inhaltlicher und methodischer Unterstützung durch externen Berater |
| Projektmitarbeiter | ▪ Umsetzen Maßnahmen/ Projekte | ▪ Strategieteam |
| Projektsitzungen | ▪ Projektinformation, Abstimmen der Maßnahmen<br>▪ Entscheidungsvorbereitung, Entscheidung,<br>▪ Vergabe von Aufträgen<br>▪ Festlegen Sitzungsrhythmus, Sitzungsplan | ▪ z. B. 14-täglich, monatlich<br>▪ Terminierung durch Projektleiter |
| Entscheidungsmodus | ▪ Wie werden Entscheidungen gefällt? | ▪ Wenn möglich Konsens, sonst gilt Hierarchie |

Abbildung 63: Projektorganisation Strategieumsetzung

Zu den einzelnen Punkten ist Folgendes anzumerken:

**Steuerungsausschuss** – Ein solcher ist i. d. R. nur in größeren Organisationen sinnvoll. Kleinere, unternehmergeführte Organisationen können darauf verzichten.

**Projektleiter** – Diese Rolle ist dem Geschäftsleiter oder einem leitenden Angestellten zugedacht. Der Projektleiter muss hohe Akzeptanz genießen, über die nötigen Weisungsrechte verfügen und Durchsetzungsvermögen haben. Ein »schwacher« Projektleiter frustriert das Team und kann die erfolgreiche Umsetzung gefährden. Um die Umsetzung schwungvoll anzustoßen, kann es in der Anfangsphase sinnvoll sein, wenn der Projektleiter durch einen externen Berater oder Coach unterstützt wird.

**Projektsitzungen** – Wir empfehlen, die Projektsitzungen in einem festen Rhythmus zu planen. In der ersten Phase der Umsetzung werden sie monatlich, allenfalls vierzehntäglich durchgeführt. Im weiteren Verlauf können die Intervalle zwischen den Sitzungen je nach Projektstand auf zwei, drei oder vier Monate erhöht werden. Die Termine sind jeweils viertel- oder halbjährlich im Voraus einzuplanen. Ist ein geplanter Termin aufgrund des Projektstandes nicht nötig, kann er abgesagt werden. Eine Terminabsage verursacht keinerlei Probleme. Schwieriger ist es jedoch, kurzfristig einen Termin zu finden. Deshalb plant man besser einen Termin zu viel als einen zu wenig.

**Entscheidungsmodus** – Von Beginn weg muss Klarheit darüber geschaffen werden, wie Entscheidungsprozesse ablaufen. Gute Erfahrungen haben wir gemacht, wenn die Entscheidungskompetenz beim Team liegt und Konsens angestrebt wird. Sollte es zu endlosen Diskussionen kommen und kein Konsens erreicht werden, entscheidet die Geschäftsleitung. Die Geschäftsleitung kann sich bei Entscheidungen auch ein Vetorecht vorbehalten. Ein Veto der Geschäftsleitung gegen eine Entscheidung im Team sollte aber gut begründet sein.

**Exkurs**

**Wirkung von Entscheidungen**

Entscheidungen durch das Team fördern die Motivation der Beteiligten. Das Team übernimmt damit Verantwortung für die Entscheidung und engagiert sich dadurch auch für die Umsetzung.
Entscheidungen, die gegen den Willen des Teams »von oben« vorgegeben werden, sind demotivierend, und es besteht die Gefahr, dass Widerstand entsteht und die Umsetzung ins Stocken gerät.

## Phasen in der Strategieumsetzung

In der Strategiearbeit lassen sich die folgenden Phasen unterscheiden.

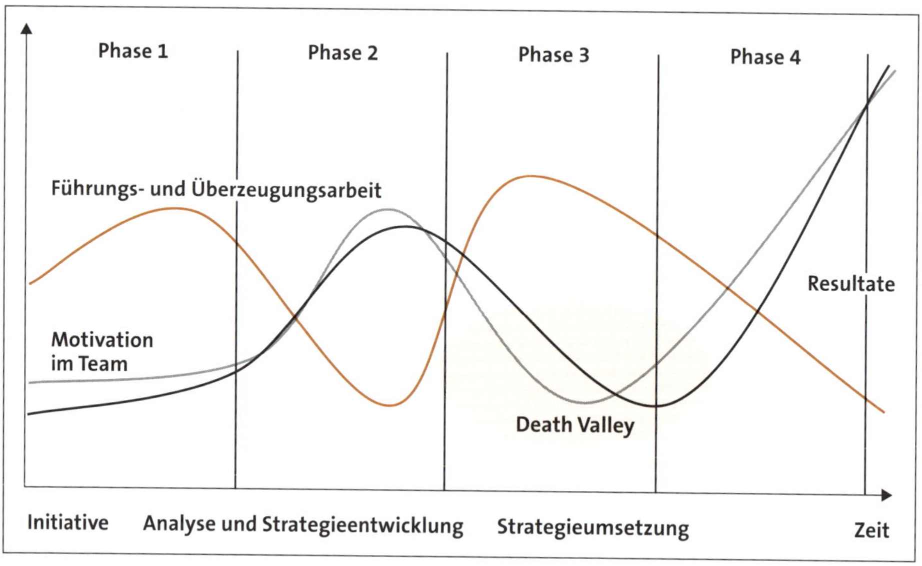


Abbildung 64: Kritische Phasen in der Strategieumsetzung

### Phase 1

Bei der Initiierung des Projektes und in der Analyse ist die Motivation der Beteiligten oft gering. Das Team weiß noch nicht, was die ganze Übung bringen wird. Das Projekt kann, je nach Ausgangslage des Unternehmens, auch Verunsicherung oder Angst auslösen, da Einzelne negative Folgen für ihren Arbeitsplatz befürchten. Das Team ist daher skeptisch, verhalten positiv oder erwartungsvoll. Es bestehen auch häufig Zweifel, ob die angestrebten Resultate erreicht werden können.

In dieser Phase muss die Unternehmensführung viel Führungs- und Überzeugungsarbeit leisten. Die Teammitglieder müssen für das Projekt gewonnen und begeistert werden.

### Phase 2

Wird die Arbeit von einem erfahrenen Moderator geleitet, der strukturiert und systematisch vorgeht, entsteht Dynamik und das Projekt kommt in Schwung. Das Team sieht, wo der Weg hingeht, ist motiviert und zunehmend begeistert. Alle bringen ihre Ideen ein, und nach einer Aufwärmphase arbeitet das Team sehr effizient. Das greifbare Resultat der bisherigen Arbeit ist die ausformulierte Strategie. Aufgrund der entstandenen Dynamik braucht es nur noch wenig Führungsarbeit. Der Projektleiter hat die Aufgabe, den hohen Energiepegel durch interessante Moderation hoch zu halten und produktiv für die Arbeit zu nutzen.

### Phase 3

In jedem Strategieprojekt gibt es in der Umsetzungsphase früher oder später einen oder mehrere »Durchhänger«. Die Umsetzung der Aktionspläne und Maßnahmen ist harte Arbeit, bei der es auch Rückschläge gibt. Verzögerungen, unbefriedigende Ergebnisse, unerwartete Probleme, Widerstände bei den Mitarbeitern oder Konflikte drücken auf die Motivation des Teams. Hinzu kommt, dass die Resultate der Strategiearbeit erst später sichtbar werden. Die Euphorie aus Phase 2 ist verflogen, das Team ernüchtert. Zusätzlich kommen Zweifel auf, ob das Ganze überhaupt zu schaffen sei. Das Team befindet sich im »Death Valley«[24]. Um aus dem Tal des Todes wieder heraus zu kommen, braucht das Team Unterstützung. Führung und Leadership sind nötig, um diesen Punkt zu überwinden und dem Projekt neuen Schwung zu geben. Beharrlichkeit und der unerschütterliche Glaube der Geschäftsleitung an den Erfolg sowie Appelle an den Durchhaltewillen können viel bewirken.

Zur Vorbeugung können bereits im Vorfeld zwei Maßnahmen ergriffen werden:

1. Die Geschäftsleitung bzw. der Projektleiter sorgen dafür, dass in den Aktionsplänen Maßnahmen festgelegt sind, die leicht umsetzbar sind. So können rasch erste Erfolge gefeiert werden. Auch kleine Erfolge motivieren und geben Energie für größere Aufgaben.
2. Die verschiedenen Entwicklungsphasen in der Strategieerarbeitung sind schon bei Beginn der Strategieumsetzung zu thematisieren. Wenn das Team im Voraus weiß, dass es das Death Valley zu durchschreiten hat, reduziert sich bereits die negative Wirkung. Allein schon die Tatsache, dass Durchhänger in jeder Strategieumsetzung üblich sind, wirkt ermutigend und trägt dazu bei, diese rascher zu überwinden.

---

24 Der Death-Valley-Nationalpark (Tal des Todes) liegt in der Mojave-Wüste und ist der trockenste Nationalpark in den USA. Der Ort ist ein Hitzepol mit Temperaturen über 50 Grad Celsius.

**Phase 4**
Das ist die Phase der Ernte: Die Probleme sind überwunden, die strategischen Maßnahmen beginnen zu greifen und erste Resultate werden sichtbar. Die Motivation im Team ist wieder hoch, und die wiederbelebte Dynamik setzt neue Energien frei. Die Führungsarbeit kann sich auf Steuerungs- und Lenkungsaufgaben beschränken.

## Kompetenzlücken eruieren

Eine neue Strategie erfordert vom Unternehmen bzw. vom Management und den Mitarbeitern oft neue oder zusätzliche Fähigkeiten.

Es ist daher zu prüfen, ob die für die Strategieumsetzung benötigten Kompetenzen im Unternehmen vorhanden sind. Folgende Fragen stehen dabei im Zentrum:

- Fehlen im Unternehmen Kompetenzen, die zur Strategieumsetzung notwendig sind?
- Wenn ja, welche?
- Was ist zu tun? Welche Maßnahmen sind nötig, um die Lücken zu schließen und die fehlenden Kompetenzen intern aufzubauen oder extern zu beschaffen?

Die Überprüfung erfolgt wiederum anhand eines Soll/Ist-Vergleichs (Abbildung 65).

### Kompetenzdefizite eruieren und fehlende Kompetenzen aufbauen oder beschaffen

Unsere Erfahrungen aus den Strategie-Workshops zeigen, dass oft Defizite im Marketing und bei der Führung bestehen.

**Marketing:** In traditionell produktions- oder technikorientierten Unternehmen fehlt häufig das notwendige Marketing-Know-how. Der Fokus dieser Unternehmen liegt auf der technischen Seite, die Vermarktung und die Bedürfnisse des Kunden kommen meist erst an zweiter Stelle. Den Fokus neu auf den Markt und die Kunden auszurichten, erfordert einen einschneidenden Kulturwandel, der häufig nur durch zusätzliches externes Know-how bewerkstelligt werden kann.

**Führung:** Die Umsetzung der Strategie bringt für das Unternehmen und insbesondere die Führungskräfte zusätzliche Arbeit. Um diese zu bewältigen, müssen

| Benötigte Kompetenzen | Vorhanden: Ja / Nein / Teilweise | Maßnahmen |
|---|---|---|
| Know-how im Export | Nein | Unterstützung durch externe Beratung |
| Kommunikationsfähigkeit in Spanisch | Teilweise | Spanisch sprechenden AD Mitarbeiter einstellen |
| ....... | .... | |

Abbildung 65: Auszug aus einem Soll-Ist-Vergleich »Kompetenzen«

Aufgaben auf mehrere Schultern verteilt werden. Das Delegieren von Aufgaben ist daher Voraussetzung, um eine Überlastung des Managements zu vermeiden. Führungskräfte beklagen sich aber oft darüber, dass sie zu viel selber machen müssen. Oft liegt das Problem jedoch bei ihnen selbst, weil sie das Potenzial zur Delegation nicht ausschöpfen. Häufig fehlen aber auch wirksame Führungsinstrumente wie Stellenbeschreibungen, Zielvereinbarungen usw.

Diese Defizite müssen identifiziert und durch entsprechende Maßnahmen ausgeräumt werden.

Auch eine erfolgversprechende Strategie ist zum Scheitern verurteilt, wenn die für deren Umsetzung notwendigen Fähigkeiten nicht vorhanden sind.

## Optional: Balanced Scorecard anpassen

Ein wirksames Instrument zur Umsetzung der Strategie ist die Balanced Scorecard (BSC)[25]. Die BSC ist ein Management-Konzept, das ermöglicht

- die Strategie zu visualisieren und zu konkretisieren, d. h.
- auf messbare Ziele und Maßnahmen herunterzubrechen und
- die Umsetzung der Strategie zu überprüfen.

Im Zentrum stehen die vier Perspektiven: Finanzen, Kunden, Prozesse und Potenziale. In jeder Perspektive werden zu den strategischen Zielen Messgrößen, Zielwerte und Aktionspläne festgelegt (Abbildung 66). Anhand der definierten Zielwerte kann die Zielerreichung genau überprüft werden.

Sofern ein Unternehmen bereits mit einer Balanced Scorecard arbeitet, ist sie ein geeignetes Instrument, die Strategieumsetzung auf den Weg zu bringen und zu kontrollieren.

Verfügt ein Unternehmen jedoch nicht über eine Balanced Scorecard, raten wir davon ab, eine solche gleichzeitig mit der Umsetzung der Strategie einzuführen. Der Grund dafür sind die beschränkten Ressourcen. Wie wir bereits ausgeführt haben, ist die Umsetzung der Strategie für Unternehmen und Führungskräfte ein Klimmzug. Auch der Aufwand für den Aufbau und die Einführung einer Balanced Scorecard ist erheblich und darf nicht unterschätzt werden. Beides gleichzeitig anzupacken, stellt meist eine Überforderung dar und birgt die Gefahr in sich, dass eine kraftvolle Umsetzung der Strategie verhindert wird.

25 vgl. Kaplan R. S./Norton D. P. (1997).

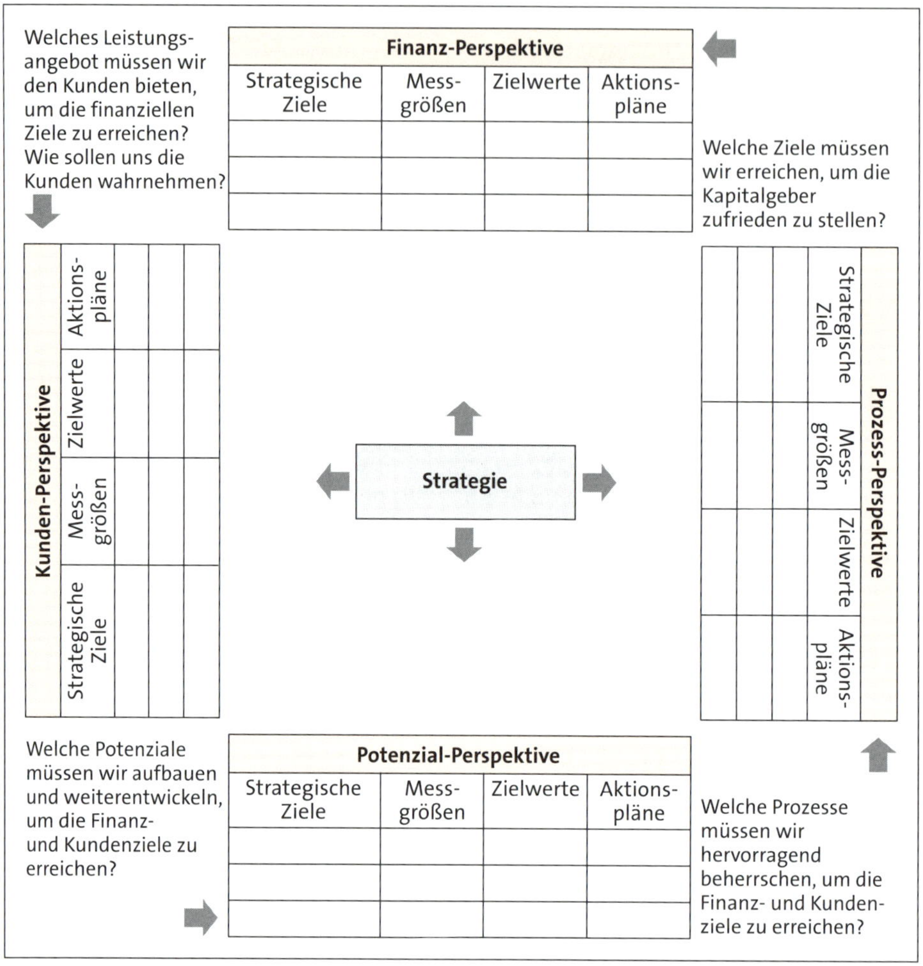


Abbildung 66: Balanced Scorecard (in Anlehnung an Kaplan/Norton)

## Strategieprojekt abschließen

Mit dem Arbeitsschritt 4 ist das Projekt »Erarbeitung der Strategie« abgeschlossen. Die Strategie liegt schriftlich ausformuliert vor, ebenso ein konkreter, umsetzungsreifer Realisierungsplan. Wir empfehlen, dieses Ereignis im Strategieteam auch gebührend zu feiern.

Dass das Buch an dieser Stelle aber noch nicht fertig ist, liegt daran, dass der Erfolg einer Strategie von der konsequenten Umsetzung abhängt. Der folgende und letzte Arbeitsschritt 5 »Strategieüberprüfung« stellt sicher, dass diese Umsetzung systematisch kontrolliert wird.

# Schritt 4 umsetzen

Die Erarbeitung der Strategieumsetzung erfolgt wiederum in einem ein- bis zweitägigen Workshop anhand der folgenden Arbeitsblätter.

## Arbeitsblätter

### Arbeitsblatt 42: Programm Workshop »Strategieumsetzung«

1. **Direkte Maßnahmen festlegen**
2. **Indirekte Maßnahmen bestimmen**
3. **Projektorganistion einrichten**
4. **Kompetenzlücken eruieren**

**Arbeitsblatt 43: Soll/Ist-Abweichungen prüfen**

1. Tragen Sie die Strategie in die linke Spalte der Tabelle ein.
2. Beginnen Sie mit den Nutzenpotenzialen und tragen Sie der Reihe nach Punkt für Punkt bis zu den Leitsätzen für die Unternehmensfunktionen ein.
3. Gehen Sie alle Aussagen der Strategie durch und bestimmen Sie, ob der jeweilige Zustand bereits erfüllt, teilweise erfüllt oder nicht erfüllt ist.
4. Gibt es Lücken, legen Sie in prägnanten Stichworten Maßnahmen fest, die diese Lücke schließen.
5. Definieren Sie die Maßnahmen konkret, ohne ins Detail zu gehen. Eine häufige Maßnahme wird das Erstellen eines Konzeptes sein.
6. Verschiedene Lücken können mit einer Maßnahme behoben werden. Benennen Sie bei Mehrfachnennungen die Maßnahmen aber immer gleich.

Beachten Sie dazu auch das Beispiel in Abbildung 54 auf Seite 113.

| Strategisches Soll | erfüllt? | Stichwort/Maßnahme |
|---|---|---|
| | | |
| | | |

## Arbeitsblatt 44: Einzelmaßnahmen festlegen

1. Übertragen Sie nun die Stichworte aller Maßnahmen auf das Arbeitsblatt. Bei Mehrfachnennungen brauchen Sie die Maßnahmen nur einmal zu übertragen.

**Einzelmaßnahmen festlegen**

## Arbeitsblatt 45: Einzelmaßnahmen bündeln

1. Ordnen Sie anschließend die einzelnen Maßnahmen thematisch und bündeln Sie diese zu einem Maßnahmen-Cluster. Ziel dieser Cluster ist es, die Schnittstellen und die Komplexität zu reduzieren.
2. Evtl. gibt es aber auch Maßnahmen, die sich nicht bündeln lassen und einzeln erledigt werden müssen (vgl. Abb. 56, S. 114).

**Einzelmaßnahmen bündeln**

## Arbeitsblatt 46: Aktionspläne festlegen

1. Entwerfen Sie nun die verschiedenen Aktionspläne. Einzelmaßnahmen spezifizieren Sie nach demselben Raster.
2. Benutzen Sie für jeden Aktionsplan ein Blatt, kopieren Sie dazu so viele Vorlagen wie nötig.
3. Füllen Sie jeden Punkt auf dem Arbeitsblatt aus. Wenn Sie bei Kosten und Ressourcen keine genauen Angaben machen können, schätzen Sie den Aufwand.
4. Die Aktionspläne sind von den Verantwortlichen nach dem Workshop nochmals kritisch zu prüfen (insbesondere die Ressourcenplanung) und gegebenenfalls anzupassen.
5. Die Aktionspläne werden erst nach Prüfung und Vorliegen des Metaplans zur Ausführung freigegeben.

(vgl. Abb. 57, S. 115)

| | | | |
|---|---|---|---|
| **Aktionsplan:** | | | |
| Ziele | | | |
| Verantwortlich: | Start | | Ende |
| Beschreibung Einzelmaßnahmen | | | |
| | | | |
| Budget Kosten extern CHF / € | | Ressourcen intern Arbeitstage (AT) | |
| Jahr 20... | | | |
| Jahr 20... | | | |
| Jahr 20... | | | |
| Gesamt | | Gesamt | 0 |

**Arbeitsblatt 47: Metaplan erarbeiten**

1. Übertragen Sie die Angaben aus den Aktionsplänen in den Metaplan.
2. Legen Sie Prioritäten für jeden Aktionsplan bzw. jede Einzelmaßnahme fest. Benutzen Sie zu deren Festlegung den Raster auf Arbeitsblatt 48.
3. Mit dem Metaplan haben Sie nun einen Gesamtüberblick über das Strategieprojekt. Sie sehen, was wann stattfindet, wer verantwortlich ist und welche Ressourcen beansprucht werden bzw. welche Kosten entstehen.
4. Die letzte Zeile des Plans zeigt zudem, ob die Planung realistisch ist oder ob Engpässe bei den Ressourcen bestehen. Bedenken Sie, dass die Aktionspläne zusätzlich zum Tagesgeschäft umgesetzt werden müssen.
5. Ist dies der Fall und können keine zusätzlichen Ressourcen bereitgestellt werden, müssen Sie einzelne Aktionspläne evtl. zeitlich zurückstellen.

(vgl. Abb. 58, S. 116)

| | | | | 20... | | | | 20... | | | | 20... | | | | Ress. | Kosten |
|---|---|---|---|---|---|---|---|---|---|---|---|---|---|---|---|---|---|
| | Zuständig | AT | Prio | 1. Quartal | 2. Quartal | 3. Quartal | 4. Quartal | 1. Quartal | 2. Quartal | 3. Quartal | 4. Quartal | 1. Quartal | 2. Quartal | 3. Quartal | 4. Quartal | total | extern |
| | | | | | | | | | | | | | | | | | |
| | | | | | | | | | | | | | | | | 0 | |
| | | | | | | | | | | | | | | | | 0 | |
| | | | | | | | | | | | | | | | | 0 | |
| | | | | | | | | | | | | | | | | 0 | |
| | | | | | | | | | | | | | | | | 0 | |
| | | | | | | | | | | | | | | | | 0 | |
| | | | | | | | | | | | | | | | | 0 | |
| | | | | | | | | | | | | | | | | 0 | |
| | | | | | | | | | | | | | | | | 0 | |
| | | | | | | | | | | | | | | | | 0 | |
| | | | | | | | | | | | | | | | | 0 | |
| | | | | | | | | | | | | | | | | 0 | |
| | | | | | | | | | | | | | | | | 0 | |
| | | | | | | | | | | | | | | | | 0 | |
| Total | | 0 | | 0 | 0 | 0 | 0 | 0 | 0 | 0 | 0 | 0 | 0 | 0 | 0 | 0 | 0 |

## Arbeitsblatt 48: Hilfsblatt zur Bestimmung der Prioritäten

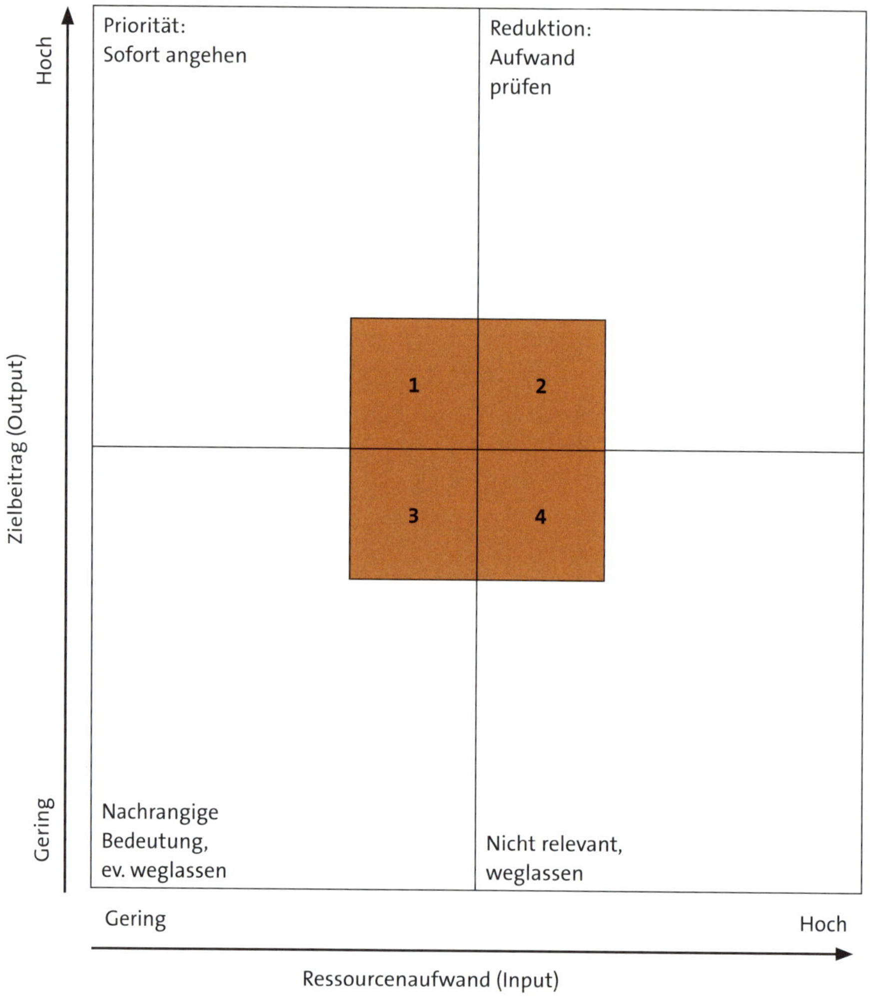


(In Anlehnung an das Eisenhower-Raster)

## Arbeitsblatt 49: Indirekte Maßnahmen festlegen

1. Legen Sie auf diesem Arbeitsblatt fest, welche Maßnahmen flankierend zur eigentlichen Strategieumsetzung notwendig sind.
2. Auf jeden Fall ist festzulegen, wie die Mitarbeiter über die Strategie informiert werden sollen.
3. Im Weiteren sind Maßnahmen zu bestimmen, welche die Umsetzung der Strategie unterstützen oder beschleunigen (beachten Sie dazu die Ausführungen auf Seite 117 ff.).

| Was? | Wer? | Bis wann? |
|---|---|---|
| | | |

## Arbeitsblatt 50: Projektorganisation einrichten

1. Tragen Sie auf dem Arbeitsblatt die Verantwortlichen und Beteiligten ein.
2. Definieren Sie den Sitzungsrhythmus und Modus für die Entscheidungen.
3. Benutzen Sie für die Festlegung der Organisation das Arbeitsblatt 51.

| | |
|---|---|
| Steuerungsausschuss | |
| Projektleitung | |
| Projekt-Mitarbeiter | |
| Projekt-Sitzungen | |
| Entscheidungsmodus | |

## Arbeitsblatt 51: Hilfsblatt Projektorganisation

| | Aufgaben | Bemerkungen |
|---|---|---|
| Steuerungsausschuss | ▪ Steuerung und Überwachung des Projektes, Entscheidung | ▪ Evtl. bei größeren Organisationen |
| Projektleitung | ▪ Gesamtplanung und Koordination<br>▪ Kontrolle der Umsetzung<br>▪ Vorbereitung, Leitung und Protokollierung der Sitzungen<br>▪ Vergabe von Aufträgen | ▪ Geschäftsleiter oder Mitglied des Strategieteams<br>▪ evtl. mit inhaltlicher und methodischer Unterstützung durch externen Berater |
| Projektmitarbeiter | ▪ Umsetzen Maßnahmen/ Projekte | ▪ Strategieteam |
| Projektsitzungen | ▪ Projektinformation, Abstimmen der Maßnahmen<br>▪ Entscheidungsvorbereitung, Entscheidung,<br>▪ Vergabe von Aufträgen<br>▪ Festlegen Sitzungsrhythmus, Sitzungsplan | ▪ z. B. 14-täglich, monatlich<br>▪ Terminierung durch Projektleiter |
| Entscheidungsmodus | ▪ Wie werden Entscheidungen gefällt? | ▪ Wenn möglich Konsens, sonst gilt Hierarchie |

**Arbeitsblatt 52: Kompetenzlücken eruieren**

1. Tragen Sie in der Spalte 1 die Kompetenzen ein, die für die Umsetzung der Strategie unerlässlich sind.
2. Beurteilen Sie, ob diese im Unternehmen vorhanden, teilweise vorhanden oder nicht vorhanden sind.
3. Legen Sie, wo nötig, Maßnahmen fest, um die bestehenden Kompetenzlücken zu schließen.

| Benötigte Kompetenzen | Vorhanden: Ja / nein / teilweise | Maßnahmen |
|---|---|---|
| | | |

# Schritt 5: Strategieüberprüfung

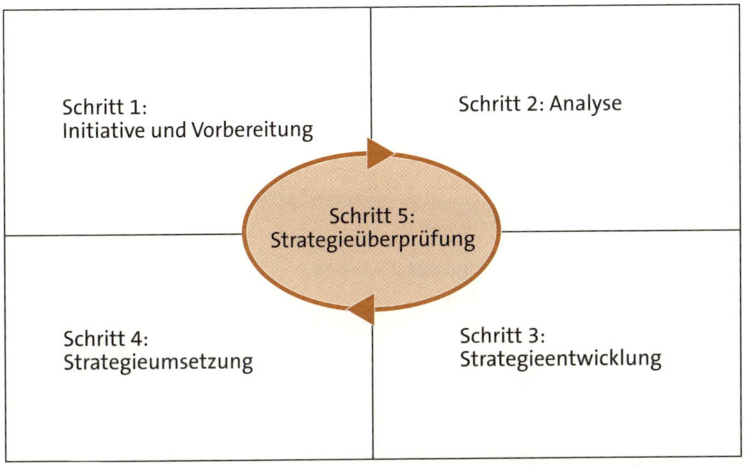


Eine Kontrolle der Strategieumsetzung erfolgt in den festgelegten Sitzungen des Strategieteams. Die Kontrolle ist auf das Operative ausgerichtet, strategische Überlegungen stehen dabei nicht mehr im Zentrum.

Die Strategieumsetzung erfolgt wegen der Hektik des Tagesgeschäfts oft unter großem Zeitdruck. Dadurch besteht die Gefahr, dass einerseits die Umsetzung verzögert wird und andererseits Veränderungen im Umfeld nicht wahrgenommen werden. Die Überprüfung der Strategie allein aus der »Innensicht« hat daher Nachteile.

## Strategie-Audit

Aufgrund der schnellen Veränderungen im Umfeld und wegen der Gefahr von Betriebsblindheit ist es empfehlenswert, die Strategie periodisch durch einen *erweiterten Personenkreis* zu überprüfen. Dabei sind operative *und* strategische Aspekte zu untersuchen. Die Überprüfung der Strategie bildet gleichsam die Schnittstelle zwischen strategischer und operativer Führung.

In der Anschubphase sollte die Umsetzung der Strategie vierteljährlich oder halbjährlich überprüft werden. Es empfiehlt sich, diese Strategieüberprüfungen aufgrund der erwähnten Gefahren durch einen Externen durchführen zu lassen. Der ungetrübte Blick von außen gibt wichtige Impulse und hilft, eingefahrene Denkweisen aufzubrechen. Ein Externer kann zudem unbefangen kritische Fragen aufwerfen. Ist die Umsetzung aufgegleist und die Realisierung im Gange, können die Intervalle zwischen den Überprüfungen vergrößert werden. Es genügt dann, den externen Strategie-Audit jährlich oder alle zwei Jahre durchzuführen.

Der Ablauf des Strategieaudits wird im Folgenden erläutert (vgl. Abbildung 67):

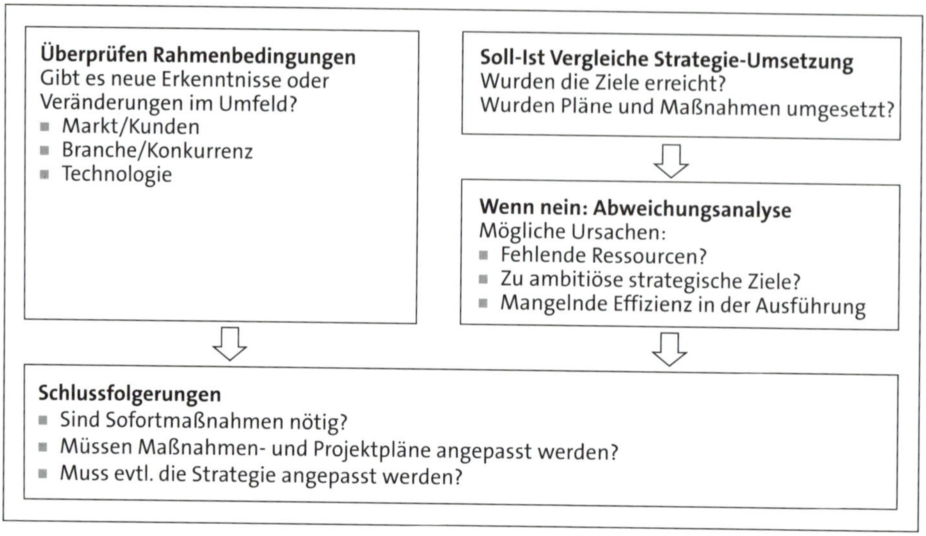


Abbildung 67: Ablauf Strategieüberprüfung

## Rahmenbedingungen prüfen

Aus strategischer Sicht ist zu prüfen, ob es Veränderungen in den Rahmenbedingungen oder neue Erkenntnisse gibt, die zusätzliche Maßnahmen oder allenfalls eine Anpassung der Strategie erforderlich machen. Veränderungen können sich im Markt, bei Kunden, in der Branche, bei der Konkurrenz, in der Technologie oder im politischen oder gesellschaftlichen Umfeld ergeben. Der Markteintritt eines neuen, starken Konkurrenten, der Zusammenschluss zweier Mitbewerber oder die Einführung einer neuen Technologie sind Beispiele für solche Veränderungen. So hat der Markteintritt der Discounter Aldi und Lidl in der Schweiz die beiden Großhändler Migros und Coop gezwungen, ihre Strategie anzupassen und das Preisniveau deutlich zu senken. Aber auch gesetzliche Regelungen wie das Werbeverbot für Alkohol oder strengere Abgasvorschriften für Automobile können Auslöser für eine Strategieanpassung sein.

Werden in der Analyse die Trends und die Konkurrenz sauber analysiert, lassen sich Entwicklungen im Umfeld häufig vorhersehen. In einer zunehmend dynamischen Welt kann Unvorhergesehenes nie gänzlich ausgeschlossen werden. Strategieanpassungen sind nach unserer Erfahrung jedoch nur selten notwendig.

## Strategieumsetzung prüfen

Operativ ist zu prüfen, ob die Umsetzung der Strategie nach Plan verläuft. Im Zentrum stehen folgende Fragen: Wurden die Aktionspläne und Maßnahmen auch umgesetzt? Sind die Zwischenziele erreicht worden? Es hat sich bewährt, wenn die Verantwortlichen für die Aktionspläne den aktuellen Stand in der Umsetzung präsentieren. Bei Abweichungen sind die Ursachen genau zu analysieren.

Abweichungen von den strategischen Zielen lassen sich auf einen oder eine Kombination der folgenden Fehler zurückzuführen:

- strategische Fehleinschätzungen
- zu ehrgeizige oder unrealistische Ziele
- Schwächen und/oder Fehler in der Umsetzung

Je nach Ursache der Abweichung sind die Aktionspläne anzupassen und/oder zusätzlich weitere Maßnahmen festzulegen.

## Schlussbemerkung

Es bleibt noch die Frage offen, wann der Strategieprozess abgeschlossen ist und das Strategieteam aufgelöst werden kann. Dies lässt sich in zeitlicher Hinsicht nicht pauschal beantworten, es hängt von der gewählten Strategie und dem Umfang der Maßnahmen ab. Je radikaler mit einer neuen Strategie die bisherige Stoßrichtung verändert wird, um so länger wird dies dauern. I. d. R. rechnen wir mit 1–3 Jahren. Das Strategieprojekt kann definitiv abgeschlossen werden, wenn die wesentlichen Punkte der Strategie implementiert sind und »in Fleisch und Blut« des Unternehmens übergegangen sind. Gleichzeitig muss die Pflege und Weiterentwicklung der Kernkompetenzen im Rahmen der allgemeinen Führungsarbeit sichergestellt werden. Sind beide Voraussetzungen erfüllt, kann das Strategieteam aufgelöst werden.

## Schritt 5 umsetzen

### Arbeitsblätter

#### Arbeitsblatt 53: Programm »Strategieaudit«

**1. Rahmenbedingungen überprüfen**
**2. Präsentation Aktionspläne, Stand der Strategieumsetzung prüfen**
**3. Bei Bedarf Abweichungsanalyse**
**4. (Zusätzliche) Maßnahmen bestimmen**

## Arbeitsblatt 54: Rahmenbedingungen prüfen

1. Prüfen Sie, ob es neue Erkenntnisse oder Veränderung im Umfeld gibt, die Einfluss auf die Strategie haben.
2. Diskutieren Sie die Konsequenzen daraus und legen Sie bei Bedarf Maßnahmen fest (Arbeitsblatt 56).

**Gibt es neue Erkenntnisse oder Veränderungen im Umfeld?**

- Im Markt / bei Kunden
- In der Branche / bei der Konkurrenz
- In der Technologie
- ...

## Arbeitsblatt 55: Checkliste Soll/Ist-Vergleich

1. Prüfen Sie den Stand der Umsetzung der Aktionspläne bzw. Maßnahmen und ob alles nach Plan läuft.
2. Analysieren Sie die Gründe für Abweichungen.
3. Notieren Sie eventuell zusätzlich festgelegte Maßnahmen im Arbeitsblatt 56.
4. Integrieren Sie die Maßnahmen von Arbeitsblatt 56 in den Metaplan (Arbeitsblatt 47).

**Stand der Strategieumsetzung:**

- Wurden die (Zwischen)-Ziele erreicht?
- Wurden Pläne und Maßnahmen termingerecht umgesetzt?

**Wenn nein, was waren die Ursachen:**

- Zu ambitiöse strategische Ziele?
- Fehlende Ressourcen?
- Fehler oder mangelnde Effizienz in der Ausführung?

**Schlussfolgerungen**

- Sind Sofortmaßnahmen nötig? Wenn ja, welche?
- Müssen Maßnahmen- und Projektpläne angepasst werden?
- Muss evtl. die Strategie angepasst werden?

## Arbeitsblatt 56: Maßnahmenplan erarbeiten

| Was? | Wer? | Termin |
|---|---|---|
| | | |

# Überblick Gesamtprojekt

Für einen besseren Überblick sind im Folgenden die einzelnen Arbeitsschritte nochmals in Stichworten zusammengefasst.

## Schritt 1: Initiative und Vorbereitung

- Ausgangslage klären und Strategieziele festlegen
- Entscheid mit oder ohne externe Unterstützung
- Projektorganisation und Strategieteam festlegen
- Vorgehens- und Zeitplan erarbeiten
- Beteiligte/Betroffene über das Projekt informieren

## Schritt 2: Workshop Analyse

- Mission formulieren
- Vision skizzieren
- Wertvorstellungen klären
- Umfeld analysieren: Trends und Entwicklungen, Konkurrenz, Wettbewerbskräfte, Erfolgsfaktoren im Markt
- Unternehmen analysieren: Kernkompetenzen und Geschäftsfelder, Positionierung und Differenzierung, Portfolio, Nutzenpotenzialprofil, Standardisierungs- und Multiplikationsprofil, Kulturprofil, SWOT-Analyse
- Sofortmaßnahmen festlegen

## Schritt 3: Workshop Strategieentwicklung

- Strategische Suchfelder durchforsten: Differenzierungsansätze und neue Tätigkeitsfelder prüfen, attraktive Nutzenpotenziale prüfen und auswählen
- Kernkompetenzen festlegen und Strategievarianten skizzieren
- Strategie auswählen und spezifizieren, Vision überprüfen
- Zukünftige Erfolgsfakten prüfen, Produkt- und Marktziele definieren
- Leitsätze für die Unternehmensfunktionen festlegen

## Schritt 4: Workshop Strategieumsetzung

- Soll-Ist-Abweichungen prüfen und Einzelmaßnahmen zur Schließung der Lücken festlegen
- Einzelmaßnahmen bündeln und zu Aktionsplänen zusammenfassen, Metaplan erarbeiten

- Indirekte Maßnahmen (Information der Mitarbeiter!) festlegen
- Projektorganisation bestimmen
- Kompetenzlücken eruieren und bei Bedarf Maßnahmen bestimmen

## Schritt 5: Strategieüberprüfung

- Rahmenbedingungen prüfen: Gibt es neue Entwicklungen im Umfeld?
- Umsetzung Strategie überprüfen: Wurden die Ziele erreicht und alles nach Plan umgesetzt?
- Bei Bedarf zusätzliche Maßnahmen festlegen

# Glossar

| | |
|---|---|
| Balanced Scorecard | Die Balanced Scorecard (wörtlich: ausgewogene Bewertungskarte) ist ein Management-Konzept, das es ermöglicht, die Strategie eines Unternehmens zu visualisieren und auf messbare Ziele und Maßnahmen herunterzubrechen. Die BSC wurde von Robert S. Kaplan und David P. Norton entwickelt. |
| Benchmark | Als Benchmarking bezeichnet man die Orientierung an den Besten einer vergleichbaren Gruppe. Synonym wird auch der Begriff »Best Practices« (wörtlich: bestes Verfahren) verwendet. Man vergleicht dazu beispielsweise die Kostenstruktur des Unternehmens mit derjenigen des Kostenführers in der Branche. Dadurch erhält man wichtige Aufschlüsse für Verbesserungen und Optimierungen. |
| Cashflow | Der Begriff Cashflow beschreibt den Zu- oder Abgang an flüssigen Mitteln in einer Abrechnungsperiode. |
| CRM | Customer-Relationship-Management, kurz CRM (dt. Kundenbeziehungsmanagement oder Kundenpflege), bezeichnet die konsequente Ausrichtung einer Unternehmung auf ihre Kunden und die systematische Gestaltung der Kundenbeziehungen. |
| Differenzierung | Um Wettbewerbsvorteile zu erzielen, versuchen Unternehmen, sich und ihre Leistungen von denen der Konkurrenten abzugrenzen. Differenzierung ist über Preis, Image, Design, Qualität o. ä möglich. |
| Effektivität | Mass für die Wirksamkeit bzw. den Grad der Zielerreichung. |
| Effizienz | Mass für die Wirtschaftlichkeit (Kosten-Nutzen-Relation). |
| Eisenhower-Raster | Einfaches Hilfsmittel, das von US-Präsidenten Dwight D. Eisenhower entwickelt wurde, um anfallende Aufgaben in einem Prioritäten-Raster nach den beiden Kriterien »Wichtigkeit« und »Dringlichkeit« abzubilden. |
| Emotionalisierung | Bezeichnet das Verknüpfen von Unternehmen bzw. Produkten mit emotionalen Reizen (Bilder, Farben, Stimmungen etc.). Dadurch entsteht beim Empfänger ein inneres Gedächtnisbild. Unternehmen und Produkte werden auf diese Weise emotional »aufgeladen«. |
| Kernkompetenzen | Kernkompetenzen sind spezifische Fähigkeiten eines Unternehmens, die attraktive Nutzenpotenziale erschließen und es ermöglichen, längerfristig überdurchschnittlich erfolgreich zu sein. |

| | |
|---|---|
| Key-Account-Management | Das Key-Account-Management (Schlüsselkunden-Management) ist ein kundenorientiertes Konzept, das darauf abzielt, wichtige Kunden systematisch zu identifizieren, zu gewinnen und langfristig an das Unternehmen zu binden. |
| KVP – Kontinuierlicher Verbesserungsprozess | Kontinuierlicher Verbesserungsprozess oder KVP bezeichnet das Bemühen einer Organisation und deren Mitarbeiter, stetige Verbesserungen mit möglichst nachhaltiger Wirkung durch einen Prozess kleiner, beständiger Verbesserungsschritte zu erzielen. |
| Leistungssystem | Leistungssysteme verknüpfen Produkte und Dienstleistungen zu einer geschlossen Problemlösung. Im Zentrum steht der Systemgedanke. Ziel ist es, integrierte Lösungen für spezifische Kundengruppen anzubieten. |
| Marktsegmentierung | Aufteilung des Marktes in homogene Käufergruppen. Diese Aufteilung ermöglicht es, das gewählte Marktsegment gezielt und differenziert zu bearbeiten und anzusprechen. |
| Metaplan | Planung, die sich nicht primär auf inhaltliche Ziele bezieht, sondern die Gestaltung der Planung selbst zum Gegenstand hat. |
| Mission | Die Mission beschreibt, worin ein Unternehmen seinen Auftrag in der Gesellschaft sieht. |
| Nutzenpotenziale | Nutzenpotenziale sind latent vorhandene, vorteilhafte Konstellationen in Umfeld, Markt oder Unternehmen. |
| Pareto-Prinzip | Das Pareto-Prinzip ist eine Effizienzregel, die auf den Ökonomen Vilfredo Pareto zurückgeht. Sie ist auch als 80:20-Regel bekannt und besagt, dass mit 20 % des Aufwandes 80 % des Ergebnisses zu erreichen sind. |
| Portfolio | Das Portfolio ist ein Instrument, das dazu dient, die Marktstellung eines Unternehmens in einer Vier-Felder-Matrix mit den zwei Dimensionen Marktwachstum bzw. Marktattraktivität und relativer Marktanteil darzustellen. |
| Positionierung | Positionierung bezeichnet die Platzierung eines Unternehmens oder eines Produkts in einem bestimmten, oft zweidimensionalen Eigenschaftsraum. |
| Produktlebenszyklus | Beschreibt ein Konzept, das davon ausgeht, dass die zeitliche Entwicklung eines Produktes in charakteristischen Phasen (Entwicklung, Einführung, Wachstum, Reife, Sättigung und Rückgang) verläuft. |

| | |
|---|---|
| Relaunch | Ein Relaunch (engl. = Neustart, zusammengesetzt aus dem Präfix re = wieder bzw. neu und dem Nomen launch = Start) beschreibt die Einführung von direkt auf dem Vorgänger aufbauenden Nachfolgeprodukten, die dazu dienen soll, den abschwächenden Absatz im Reifestadium des Produktlebenszyklus zu stabilisieren oder einem solchen vorzubeugen. |
| Standardisierung | Unter Standardisierung versteht man die Vereinheitlichung von Prozessen, Leistungen, Systemen usw. Ziele der Standardisierung sind höhere Qualität, tiefere Kosten, einfachere und schnellere Prozesse. |
| Strategie | Eine Strategie beschreibt die Ziele eines Unternehmens und den Weg, wie diese Ziele erreicht werden können. |
| Strategisches Geschäftsfeld (SGF) | SGF sind teilautonome Einheiten eines Unternehmens, die unabhängig von andern Einheiten operieren und Kunden sowie Märkte weitgehend eigenständig bearbeiten. |
| SWOT-Analyse | SWOT engl. steht für Strengths (Stärken), Weaknesses (Schwächen), Opportunities (Chancen) und Threats (Gefahren). Die SWOT-Analyse ist ein Werkzeug des strategischen Managements. In dieser einfachen und flexiblen Methode werden sowohl innerbetriebliche Stärken und Schwächen (Strengths-Weaknesses) als auch externe Chancen und Gefahren (Opportunities-Threats) betrachtet, welche die Handlungsfelder des Unternehmens betreffen. Aus der Kombination der Stärken-Schwächen-Analyse und der Chancen-Gefahren-Analyse kann eine ganzheitliche Strategie für die weitere Ausrichtung der Unternehmensstrukturen und der Entwicklung der Geschäftsprozesse abgeleitet werden. |
| Synergien | Synergie beschreibt das Zusammenwirken verschiedener Kräfte zu einer Gesamtleistung. Dabei wird erwartet, dass diese Gesamtleistung höher ist als die Summe der Einzelleistungen – dies wird z. B. bei Unternehmensfusionen angenommen. |
| Vision | Eine Vision ist ein Bild der Zukunft, das beschreibt, was das Unternehmen langfristig erreichen möchte. |
| Zero Base Budgeting | Die Methode besteht darin, das Budget nicht auf Basis der aktuellen Kosten oder des Vorjahresbudgets zu erstellen, sondern von Grund auf neu zu planen (Planning from Base Zero). |

# Literaturverzeichnis


*Belz, Christian et. al. (1991):* Erfolgreiche Leistungssysteme: Anleitungen und Beispiele, Stuttgart: Schäffer Verlag.

*Bruch, Heike/Vogel, Bernd (2005):* Organisationale Energie: Wie Sie das Potenzial Ihres Unternehmens ausschöpfen, Wiesbaden: Gabler.

*Chan Kim, W./Mauborgne, Renée (2005):* Der Blaue Ozean als Strategie, München: Karl Hanser Verlag.

*Collins, Jim (2008):* Der Weg zu den Besten – Die sieben Management-Prinzipien für dauerhaften Unternehmenserfolg, München: dtv

*Drucker, Peter F. (2007):* Was ist Management?, 5. Auflage, München: Econ Ullstein List Verlag.

*Flascha, Katja/Hanisch, Michael/Hartmann, Egbert (2008):* Strategieentwicklung, Frankfurt: Verlag FAZ.

*Hilb, Martin (2009):* Integriertes Personal-Management, 19. Auflage; Berlin: Luchterhand

*Horvath & Partners (HRSG) (2007):* Balanced Scorecard umsetzen, Stuttgart: Schäffer-Poeschel Verlag.

*Kaplan Robert S./Norton David P. (1997):* Balanced Scorecard, Stuttgart: Schäffer-Poeschel Verlag

*Kroeber-Riel, Werner/Esch, Franz-Rudolf (2004):* Strategie und Technik in der Werbung, 6., überarbeitete Auflage, Stuttgart: Verlag Kohlhammer.

*Kuss, Alfred/Tomczak, Torsten/Reinecke Sven (2007):* Marketingplanung: Einführung in die marktorientierte Unternehmens- und Geschäftsfeldplanung. 5. Auflage, Wiesbaden: Gabler.

*Lombriser Roman/Abplanalp Peter A./Wernigk Klaus (2007):* Strategien für KMU, Entwicklung und Umsetzung des KMU Star-Navigators, Zürich: Versus.

*Müller, Armin (2000):* Strategisches Management mit der Balanced Scorecard, Stuttgart: Verlag Kohlhammer.

*Müller-Stewens, Günter/Lechner, Christian (2005):* Strategisches Management: Wie strategische Initiativen zum Wandel führen: Der St. Galler General Management Navigator®, 3. Auflage, Stuttgart: Schäffer-Poeschel Verlag.

*Naisbitt, John/Aburdene Patricia (1992):* Megatrends 2000. Zehn Perspektiven für den Weg ins nächste Jahrtausend, 2. Auflage, Düsseldorf: Econ Verlag.

*Porter, Michael E. (2008):* Wettbewerbsstrategie: Methoden zur Analyse von Branchen und Konkurrenten, 11. Auflage, Frankfurt/New York: Campus.

*Pümpin Christian (1992):* Strategische Erfolgspositionen SEP, Methodik der dynamischen strategischen Unternehmensführung, Bern: Haupt.

*Pümpin, Christian/Amann, W. (2005):* Strategische Erfolgspositionen: Kernkompetenzen aufbauen und umsetzen. Bern: Haupt.

*Rüegg-Stürm, Johannes (2002):* Das neue St. Galler Management-Modell: Grundkategorien einer integrierten Managementlehre: Der HSG-Ansatz. Bern: Haupt.

*Ruegg-Stürm, Johannes/Sander, Stefan (2009):* Controlling für Manager, 8., überarbeitete Auflage, Zürich: Verlag Neue Zürcher Zeitung.

*Venzin, Markus/Rasner, Carsten/Mahnke, Volker (2003):* Der Strategieprozess, Frankfurt/New York: Verlag Campus.

# Autoren

Prof. Dr. **Klaus Haake,** Partner von HSP Consulting AG, hat über das Thema Strategische Führung in KMU seine Dissertation verfasst und ist seit Jahren Referent zu diesem Thema. Seit 1982 ist er Lehrbeauftragter an der Universität St.Gallen, seit 2002 Professor an der Steinbeis Universität in Berlin. Als Gründungspartner der HSP Consulting AG hat er seit 1990 zahlreiche Strategie-Projekte in KMU betreut.

**Willi Seiler,** Dipl. KMU/HSG, ebenfalls Partner der HSP Consulting AG, hat über 20 Jahre Management-Erfahrung in verschiedenen Unternehmen. Er verfügt über das Management-Diplom der IMAKA/AKAD in Zürich und hat das Nachdiplomstudium in Unternehmensführung am KMU-Institut der Universität St.Gallen abgeschlossen. Seit 1997 betreute er als Partner der HSP Consulting AG eine Vielzahl von Strategie-Projekten.

# Stichwortverzeichnis

**W**



**Z**